高等学校广义建筑学系列教材

建筑与音乐

尚 涛 丁 倩 马 立 王莉莉 编著

WUHAN UNIVERSITY PRESS
武汉大学出版社

图书在版编目(CIP)数据

建筑与音乐/尚涛,丁倩,马立,王莉莉编著.—武汉:武汉大学出版社,
2012.4
高等学校广义建筑学系列教材
ISBN 978-7-307-09542-7

Ⅰ.建… Ⅱ.①尚… ②丁… ③马… ④王… Ⅲ.建筑艺术—关
系—音乐—高等学校—教材 Ⅳ.TU-854

中国版本图书馆 CIP 数据核字(2012)第 026530 号

责任编辑:李汉保   责任校对:黄添生   版式设计:马 佳

出版发行:**武汉大学出版社** (430072 武昌 珞珈山)
      (电子邮件:cbs22@whu.edu.cn 网址:www.wdp.com.cn)
印刷:湖北省荆州市今印印务有限公司
开本:787×1092 1/16 印张:13.5 字数:322 千字 插页:1
版次:2012 年 4 月第 1 版 2012 年 4 月第 1 次印刷
ISBN 978-7-307-09542-7/TU·105 定价:22.00 元

高等学校广义建筑学系列教材
编 委 会

内 容 简 介

　　建筑是一种空间的艺术，音乐则是时间的艺术，相比之下，音乐更加抽象。本书将这两种不同艺术形式放在一起，目的就是像冯继忠老先生所说的："音影转换，意动空间"，献给全国各高校的学生们，让这些微波粒子在空间的相互作用，使学生对艺术产生更深的理解，在学习和设计中更具创造力。

　　本书首先通过环境心理学讲述了建筑与音乐在人们心里的通感；然后在时间上讨论了建筑与音乐在不同时期的特点；再从空间的角度展开建筑与音乐依不同国家、不同民族的区别；在不同艺术中，又存在着雄伟和阴柔两大美感，可以看到建筑与音乐的艺术延拓；最后，建筑与音乐要在数学和算术中进行展示，成为艺术与数学的结合。

　　本书可以作为高等学校艺术类和建筑类、城市规划类、广告设计类等专业本科生的公选课教材，可以供高等学校教师及相关工程技术人员参考，也可以作为广大青少年的通俗读物。

序

改革开放造就了中国经济的迅速崛起，也引起了中国社会的一系列巨变。进入 21 世纪以来，随着经济快速发展、社会急剧转型，城市化的进展呈现出前所未有的速度和规模。与此同时产生的日趋严重的城市问题和环境问题困扰着国人，同时也激发国人愈来愈强烈的城市和环境意识，以及对城市发展和环境质量的关注。中国社会的一系列巨变也给建筑教育提出了新的课题。

由中国著名建筑学和城市规划学家、两院院士吴良镛先生提出并倡导的广义建筑学这一新的建筑观，成为当前乃至今后整个城市和建筑业发展的方向。广义建筑学，就是通过城市设计的核心作用，从观念和理论基础上把建筑学、景观学、城市规划学的要点整合为一，对建筑的本真进行综合性地追寻。并且，在现代社会发展中，随着规模和视野的日益加大，随着建设周期的不断缩短，对建筑师视建筑、环境景观和城市规划为一体提出更加切实的要求，也带来更大的机遇。对城镇居民居住区来说，将规划建设、新建筑设计、景观设计、环境艺术设计、历史环境保护、一般建筑维修与改建、古旧建筑合理使用等，纳入一个动态的、生生不息的循环体系之中，是广义建筑学的重要使命。同时，多层次的技术构建以及技术与人文的结合是 21 世纪新建筑学的必然趋势。这一新的建筑观给传统的建筑学、城市规划学、景观学和环境艺术设计教育提出新的课题，重新整合相关学科已经成为当务之急。

但是，广义建筑学可能被武断地称作广义的建筑学，犹如宏观经济学，广义建筑学也可能被认为是一种宏观层面的建筑学，是多种建筑学中的一种。这就与吴院士的初衷相背离了。基于这种考虑，我们提出了一种 Mega-architecture 的概念，这一概念的最初原意是元建筑学，也可以理解为大建筑学或超级建筑学，从汉语的习惯来看，应理解为"大建筑学"。一方面，Mega-architecture 继承了广义建筑学的全部内涵；另一方面，Mega-architecture 中包含有元建筑学的意思，亦即，强调作为建筑学的内在基本要素的构成性，正是这些要素，才从理论上把建筑学、城市规划、景观学和环境艺术整合成一个跨学科的超级综合体。基于上述想法，我们提出了 Mega-architecture 的概念作为广义建筑学系列教材的指导原则。

本着上述指导思想，武汉大学出版社联合多所高校合作编写高等学校广义建筑学系列教材，为高等学校从事建筑学、城市规划学、景观学和环境艺术设计教学和科研的广大教师搭建一个交流的平台。通过该平台，联合编写广义建筑学系列教材，交流教学经验，研究教材选题，提高教材的编写质量和出版速度，以期打造出一套高质量的适合中国国情的高等学校本科广义建筑学教育的精品系列教材。

参加高等学校广义建筑学系列教材编委会的高校有：武汉大学、湖北工业大学、武汉理工大学、华中科技大学、北京工业大学、南京航空航天大学、南昌航空大学、汕头大学、南通大学、江汉大学、三峡大学、孝感学院、长江大学、昆明理工大学、江西理工大学、江西农业大学、江西蓝天学院等院校。

高等学校广义建筑学系列教材涵盖建筑学、城市规划、景观设计和环境艺术设计等教学领域。本系列教材的定位，编委会全体成员在充分讨论、商榷的基础上，一致认为在遵循高等学校广义建筑学人才培养规律，满足广义建筑学人才培养方案的前提下，突出以实用为主，切实达到培养和提高学生的实际工作能力的目标。本教材编委会明确了近 30 门专业主干课程作为今后一个时期的编撰、出版工作计划。我们深切期望这套系列教材能对我国广义建筑学的发展和人才培养有所贡献。

武汉大学出版社是中共中央宣传部与国家新闻出版署联合授予的全国优秀出版社之一，在国内有较高的知名度和社会影响力。武汉大学出版社愿尽其所能为国内高校的教学与科研服务。我们愿与各位朋友真诚合作，力争将该系列教材打造成为国内同类教材中的精品教材，为高等教育的发展贡献力量！

高等学校广义建筑学系列教材编委会
2011 年 2 月

前　言

　　我们周围的空气多沉重。老大的欧罗巴在重浊与腐败的气氛中昏迷不醒。卑鄙的物质主义镇压着思想，阻扰着政府与个人的行动，……，人类喘不过气来。打开窗子吧！让自由的空气重新进来！呼吸一下英雄们的气息。

——罗曼罗兰《贝多芬传》

　　罗曼罗兰好像在给我们演奏一首贝多芬第五钢琴协奏曲，不停地敲击着我们的心。雄浑的笔触呼唤着灵魂的赞歌，呼唤着艺术的群响：人类需要艺术，在混浊的现实生活中，我们需要艺术的洗涤。

　　什么是音乐？贝多芬说："音乐是比一切智慧、一切哲学更高的启示，……，谁能渗透音乐的意义，便能超脱寻常人无比振拔的苦难。"

　　音乐可以使我们欢乐；音乐可以使我们摆脱苦难；音乐可以为我们沉闷的生活带来激情，带来无穷的遐想和回忆；音乐可以将我们的情绪调到极致；音乐无国界，音乐具有一种魔力，可以消灭人类间的隔阂、消灭战争，音乐是世界语言；音乐可以给生死线上挣扎的人们以神奇力量，从死神身边夺回生命；音乐也是我们不常涉足的长满鲜花和绿果的后花园。音乐每一个音符都是美的。

　　音乐是美的，音乐是使我们干渴的心灵得以丰润的甘露，使我们贫瘠的生命得以富饶的土壤，使我们焦灼的灵魂得以安宁的家园。

　　什么是艺术？唐国强说，"艺术就像地下宝藏，开始是土壤，然后是地下水，是石油，最后就成了泥浆，一种浓浓的混合体，你区分不开，掺和在一起"，你只有"渐修顿悟！"建筑与音乐是艺术家族中一对孪生姐妹，形影不离。

　　音乐是顶级的艺术形式，与建筑一样，都是艺术殿堂中的成员，都是文化和美的载体；在听音乐的时候，我们头脑中出现的是建筑；在看到建筑的时候，我们耳旁缭绕的是音乐；它们到底有什么关系呢？

　　就如冯继忠先生说过的"音影转换"，音乐通过渲染情绪气氛、暗示、运动颗粒等手法可以绘画，可以绘出同样的线条，能够表达层次更丰富的色彩。至今，音乐画出了许多建筑素描，有描绘城市的：一个美国人在巴黎，埃尔加的在伦敦城，巴赫的布兰登堡，德雷斯顿，科普兰的寂静的城市。有描绘街道的：德内大街，香榭丽舍。有描绘广场的：莱斯庇基的罗马广场，肖斯塔科维奇的第十一交响曲第一乐章中的冬宫广场，大连广场（海军广场，海之韵广场，奥林匹克广场，中山广场）。有描绘宫殿的：紫禁城，天坛回想，宫王府。有描绘景观的：长城二胡协奏曲。有描绘江南园林的：春江花月夜，平湖秋月，江河水，江南春色，苏南小曲，扬州小调。还有描绘建筑小品的：交响诗人民英雄纪念碑，斯美塔那交响诗《我的祖国》中的古老城堡维谢格拉德，穆索尔斯基的图画展览会中的古城堡和基辅的大门楼，等等。这样，不用眼睛我们就会感觉到建筑的存在。音乐的韵律流淌过我们的心头，灵动的音符成了砖，成了瓦，开了一扇扇窗，立起一座座塔，穿过宏伟的柱廊，抚过苍老的城墙，仰望着肃穆的纪念碑，俯瞰着宽阔的广场，望见长城千里狼烟，照见江南满园花影。

这就是音乐的魔力，音乐以奇妙的手法在我们的心中重建起种种建筑，我们甚至可以感觉到作曲家经过那些建筑时，那一片阳光的颜色。

建筑反过来又与音乐在颜色和形态方面给人的感觉是相通的，对于建筑通过色彩的联想、色彩的节奏以及建筑形态的重复性、层次性，人们会领悟到建筑的节奏之美、建筑的旋律之美、建筑的乐章之美，在令人震撼的建筑中，也有类似音乐的连续性、贯通性、运动感和节奏感，我国近代建筑大师梁思成先生曾经对京西天宁寺的辽塔做了一次非常生动有趣的比拟和分析，他将天宁寺辽塔身上的建筑要素按不同音长的音符分别归类，谱上了曲子。因为，建筑往往带有音乐元素，建筑有阶梯，音乐有音阶；在音乐的容器中，人们常常会看到钢琴、听音室、音乐厅、歌舞厅、歌剧院上面有带有韵律感的曲线、曲面装饰；巨大漂亮的管风琴，常常会成为教堂的一面墙；在西方哥特式教堂上，往往装饰着音乐感的彩色玻璃窗，音乐家雷斯庇基为表达这种感觉写下了《教堂之窗》的音乐；桥拱的节奏变化也是和音乐相通的，而且建筑与音乐都符合数学比例。建筑作品常常在人们的心灵奏响乐曲，而大师们的笔将这些乐曲写在谱纸上，织成了辉煌的乐章。

建筑与音乐又不断地向外拓展，随着时代的变化，建筑与音乐的联系已经不只是内在相通的精神，有越来越多的形式以及外在媒介将建筑与音乐联系或是融入到更综合的艺术中。歌剧的舞台设计师就是建筑设计师，他们考虑的侧重点不同，因为建筑功能不同，舞台建筑就像一个演员，烘托音乐，反映剧情，是音乐的集中体现；历史建筑像一名演员，她会说话，是文化的传播者，并和音乐形影不离。现在出现了数字音乐、数字建筑，它们可以通过数字技术相互转化。其实，歌舞厅、音乐厅、戏楼的设计甚至机械设计一定离不开音乐，那么，人们的服装、人们的语言、人们生活的方方面面也一定离不开音乐。

这块土地是我们熟悉的、不可或缺的，也是陌生的、充满未知的。我们诚挚而炽烈的渴求目光，也许可以点燃第一缕晨光，照亮葱郁奇妙的后花园，开启一个清新美丽的新世界。

作　者
2012 年 1 月 1 日

目　录

第一篇　建筑与音乐的心理映射

第三篇　建筑与音乐的空间脉络

第四篇　建筑与音乐的艺术延拓

第五篇　建筑与音乐的数学对位

第一篇　建筑与音乐的心理映射

音乐是文化和情感的载体，音乐同建筑一样；都是艺术殿堂中的成员。聆听音乐的时候，人们脑海中会浮现出建筑的画面；而欣赏建筑的时候，音乐也会萦绕在人们的耳边。她们之间到底有着怎样的联系呢？我们先从环境心理学的角度来探讨一下建筑与音乐的关系。

第 1 章　感觉的作用

§1.1　感觉的影响

人在接受外界环境信息的时候，身体上的各个感觉器官通常同时工作，当一个感官受到刺激，其他感官也会产生不同程度的反应。由于人的各种感觉能量是守恒的，所以当某种感官刺激增强，另一感官的感受必然会相应的降低；反之，人的某种感觉如果减弱，其他感官的感受则会相应地增强，进行补偿。

因此在日常生活中，人们常常在咖啡厅中配以一些轻淡音乐用来增加咖啡的口感；商店会用类似音乐增强商品的视觉效果；博物馆里会放一些温和舒缓的音乐，配以暗淡的光线，来增强人们对文物的视觉感受；医院里则应给病人播放一些刺激性强的歌曲或交响乐以减轻病人的痛苦；而恋爱中的年轻人常常会在融融烛光的映照下，听着舒缓优美的古典音乐，沐浴在淡淡的玫瑰花香味中，轻轻地拉着对方的手，来感受浪漫的气氛。

§1.2　感觉的互动

人们在听音乐时通常会由于音乐的音长、音高、音色和节奏而产生冷热、亮丽、暗淡的其他感官感受，这就是我们常说的通觉，或者称之为通感，这种感官感受是由一种感觉刺激引发出另一种感觉的现象。视听通觉是最常见的通觉之一，这种通觉是指人们在听音乐时会在脑海中浮现出相应的视觉图像，或者在看到某种图像时会在脑海中萦绕出相应的音乐旋律，也可以表示为"听到即看到"。因此，许多画家有时画不下去了，放下手中的笔，通过音乐寻找创作的灵感，试图用颜色和画面把听到的音乐表达出来。同样，音乐家也通过欣赏绘画来创造旋律。作曲家穆索尔斯基就是在参观了画家哈特曼的遗作展览后，才写下了著名的管弦音乐《图画展览会》，如图 1-1 所示。而印象派作曲家莱斯庇基是用音乐的手法将绘画艺术的感受表现出来，如《博蒂切利三幅画》和《教堂之窗》。此外，造琴师通过乐器的造型给听众带来美妙韵律的视觉感受，例如小提琴婀娜的腰身，好像一首甜美纤柔的小提琴曲，如图 1-2 所示，而琵琶敦实的大肚，就像是气势磅礴的琵琶音乐，不用演奏，一首动人的音乐已经在人们头脑中应运而生。同样，我们如果到了一个音乐厅，进门就会感受到音乐。

图 1-1　穆索尔斯基：图画展览会　　　　图 1-2　小提琴（资料来源：百度百科-
（442 650-2）CD 封面（资　　　　　　小提琴-图片游览，whz5258）
料来源：琅琅比价网）

§1.3　感觉的补偿

　　人的感觉一方面可以互通，一方面可以互相补偿。特别是当某种感觉器官的感觉受损或缺失时，其他感官的感觉会立刻给予补偿。正如我们所知，聋哑人的视觉比正常人要敏锐很多，他们通过识别嘴形来获取信息；而盲人的听觉和触觉程度也比正常人敏感，他们往往可以通过声音辨别出物体的方位，凭触觉识别盲文。

　　人的感觉之间不仅能相互补偿，而且当感觉器官感知外界事物时是一个系统的有机整体，因此人对外界的感知需要多种器官同时感受。例如，学生考外语听力时要把眼睛闭上；当小孩子看到或听到某个感兴趣的东西时，往往先用手抓，然后放在嘴里，这是小孩子感受世界的方式，其实成人也会这样，口感的级别最高，对于美好的事物，最后总要亲吻。所以，对于环境设计尤其是幼儿园的设计不但需要美观新颖的建筑，还要提供音乐或者运动玩具来增强儿童对世界的感知。

§1.4　感觉的加强

　　人对外界的感知需要通过不同的器官来完成，并且每个器官所感受到的刺激会彼此加强以进行补偿。在现代音乐演唱时，为了加强听众对歌曲的感受，弥补听觉上的不足，表演者往往会伴以适当的舞蹈或在身后配上伴舞，加上烟雾、灯光，使听众沐浴在火爆的视觉气氛中。钢琴演奏家朗朗在上海世博会开幕式上，演奏《江河情缘》时，就以芭蕾舞作为伴舞，同时给他的演奏也增添了许多表演成分，这样使观众的艺术感受得到加强。又如现代歌剧为了提高艺术效果，在强调演唱技巧的同时，还加强了舞台效果的表达，使演唱与演技、音乐、背景、灯光和剧情之间得到统一配合，为现代歌剧注入了新的活力。而传统杂技这种依靠高难度的造型技巧来完成表演的艺术形式，不再满足人们的审美需求，现代的杂技节目，例如吊绸，自从加入了音乐和舞蹈元素之后，视觉效果也得到了很大的提高。如图1-3、图1-4所示。

图 1-3　朗朗世博开幕式上演奏《江河情缘》　　　　图 1-4　"绸吊"表演（资料来源：
（资料来源：新华网，2010.4.30）　　　　　　　　新华网，2010.8.23）

这也会引来另一问题：各艺术门类之间的同化问题，我们都知道，音乐的艺术价值最高，她是无形的，可以给人们带来无穷无尽的联想，她一旦成型，其价值就会降低，而另一门艺术则要升高。例如，动漫、舞蹈、诗歌等配上音乐，就会增加很强的艺术性。

第 2 章　听觉形象与视觉形象

§2.1　复调织体与建筑

在音乐中，如同建筑中的结构一样，按模块进行构成，这就是织体，她能在时间和空间中延伸发展，并实现各部分之间的紧密联系。

复调织体中的"复"是多的意思，"调"是指曲调旋律，复调织体就是由多个各自独立的音乐旋律相互协调，同时结合产生的音乐形式，包括支声复调、对比复调和模仿复调三大类。这种不同的旋律同时出现在同一音乐中却又能够相互和谐形成整体的复调方式，使得音乐中的不同形象之间能够融合对照，增添了音乐的生动性。

复调织体需要放入一个特定的主题音乐中，就像梁和柱在一个建筑构架中，而发挥作用。可见复调织体和建筑的梁、柱的作用十分类似。而歌剧和交响乐等非复调音乐的作品，更像是绘画中使用的颜料色彩，本身就具有表达快乐、悲伤等情感的能力。

§2.2　音乐绘画要素

2.2.1　线条

线条是一幅图画中最简单也是最基本的构成要素，线条以横向与纵向的坐标系在平面空间中展开形成画面。音乐中也是如此，音乐不仅随时间发生着横向的演变，同时其音程关系也发生着纵向的变化，形成跳动的旋律，这些旋律就是音乐中的线条，这些线条的延伸就形成了音乐中的画面轮廓。

现代派绘画和音乐中的线条一样都属于抽象的表现。现代派绘画家并不会将自然界直接真实地描绘出来，而是通过形状和颜色，将自然界的体验带给观众，人们也无法用语言去解读艺术的寓意。因此音乐的表现形式与现代派绘画的艺术就非常接近，如图 2-1 所示。

2.2.2　色彩

音乐可以在人们的听觉上表现色彩，而且其层次要比绘画色彩丰富许多。音乐通过横向组合可以体现出和声色彩，而通过纵向组合则可以体现出调式色彩。并且，高频音响的组合呈现出暖色调，给人以愉悦之感；而低频音响的组合则呈现出冷色调，给人以忧郁、压抑的感觉。

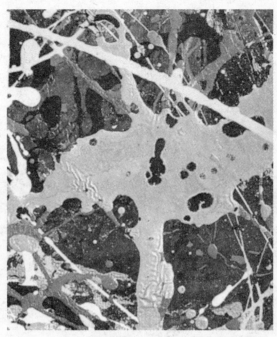

图 2-1　《1948 年第五号》（局部，杰克逊·波洛克）中线条与色彩的音乐感（资料来源：中国经济网，罗敏，2007）

　　法国作曲家柏辽兹认为：配器是"应用各种音响要素为旋律、和声与节奏着色"。这说明音乐色彩是通过音响组合的重要手段。平面艺术和空间艺术也可以通过音乐色彩产生的艺术感觉来表达。印象派画家对于色块和光感的处理十分重视，如莫奈创作的《日出—印象》就是在一片雾气朦胧的灰色调中运用微红、橙黄等颜色来体现红日的冉冉升起，如图 2-2 所示。而印象派作曲家德彪西谱写的《大海》（如图 2-3 所示）和《意象集》，则将色彩通过音色来表达，给人们带来明快、暗淡的听觉感受。画家塞尚曾经将莫奈和德彪西做过对比，他认为"莫奈的艺术已经成为一种对光感的准确说明，这就是说，他除了视觉别无其他"。同样，"对德彪西来说，他也有同样高度的敏感，因此，他除了听觉别无其他"。可见作曲家和画家可以用不同的艺术形式表达出相同的画面，给人们带来相同的心理感受。

2.2.3　暗示和象征

　　我们知道，艺术除了能体现作品的本质之外，还能提供给人们巨大的想象空间。音乐作为一门艺术，当然也可以通过各种方式带给听众许多的抽象暗示，例如音乐可以通过渲染气氛使听众产生某些画面的联想。这些由音乐带给人们的画面和视觉形象存在于听众的想象之中，并且其表现手法多种多样。

图 2-2 《日出—印象》(莫奈)中线条与色彩的　　　　图 2-3 卡拉扬指挥——德彪西《大海》
音乐感(资料来源:法国留学服务网)　　　　　　　　CD 封面(资料来源:DG 公司)

1. 自然声音的模仿

音乐的特长之一就是对自然界声音的模仿,因此模拟自然界的声音从而暗示周围环境的音响会在许多音乐作品中出现。例如贝多芬在《田园交响乐》第二乐章结束部分利用长笛、双簧管和单簧管,来模仿夜莺、鹌鹑和杜鹃等各种鸟类的鸣叫声,暗示春天的鸟语花香的景色。音乐的这种表现似乎与我国绘画大师齐白石的《蝉》有异曲同工之妙,可以通过声音使听众联想出这些声音所依存的具体环境。运用这种手法的还有圣桑的《动物狂欢节》的林中杜鹃,用单簧管模拟杜鹃鸣叫,打破了森林的幽静;葛罗菲的《大峡谷》组曲第三乐章《在山径上》,驴蹄的"得得"声意为一名游客骑着小毛驴行走在大峡谷的山径上,潺潺的流水声暗示出科罗拉多河瀑布的美景,八音盒发出的叮咚声说明游客已走近小屋,乐章的结束部分是游客驱驴在山径上疾跑。

2. 环境氛围的渲染

音乐能针对某些具体环境进行艺术上的渲染。因为对于人的心理而言,不同的声音具有不同环境的心理暗示。虽然同样的环境特征可以触发人们多种不同的联想,但由于作曲家在音乐作品的总谱或标题上已经做出了提示,所以与这些音乐有关的想象空间在一定程度上是被限制了的。比如,柏辽兹的《幻想交响曲》中,双簧管与英国管的相互附和所要营造的是宁静的乡村田园景色;柴科夫斯基的芭蕾舞剧《天鹅湖》中,竖琴珍珠般的颗粒性波动象征了湖水上天鹅畅游所泛起的层层涟漪,形成白天鹅在湖水中嬉戏的情景,如图 2-4 所示。马勒的《第一交响曲》的第一乐章无尽春日,为了描绘出万物在春天复苏的景象,马勒在单簧管奏出的引子上加入了一些模仿猎号合奏的音型,这些音型从远处隐隐的传来,形成一种自然的泛音,打破了原宁静的大自然环境,暗示出自然界植物的生长,如图 2-5 所示。

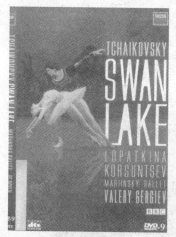

图 2-4　芭蕾舞剧《天鹅湖》（资料来源：　　图 2-5　马勒《第 1，2 交响曲》（资料来源：
DVD 封面 DECCA 公司）　　　　　　　　音乐碟片封面）

3. 音响色彩的运用

　　虽然音响色彩给人的感觉与绘画色彩给人的感觉很相似，但不可否认，音响色彩在层次感和表现力上比绘画色彩更加出色。各种配器共同作用在音响中，不仅使音响世界绚丽多彩，同时也产生出各种象征或暗示的效果，从而创造出一个幻想世界。例如，格里格的管弦乐组曲《培尔·金特》的第一分曲《晨景》中，作曲家通过自己对清晨日出的亲身体验，开始用长笛和双簧管奏出一个静谧开阔的画面，然后大提琴的低音传来太阳初升时的阵阵热浪以及太阳升起后阳光普照大地带来的温暖，如图 2-6 所示。在葛罗菲《大峡谷》组曲第一乐章《日出》中手段要复杂得多，乐曲以定音鼓上轻微的滚奏开始，音响描绘出了黎明前的黑暗和天际线。接着，小提琴上的持续音和单簧管的上升音型带来短笛悦耳的鸟鸣般的声音。这是乐章的主题动机，经过长笛充实后，形成了英国管奏出的完整的日出主题，这个主题在长笛和英国管上不断重复的同时，其形貌也不断变化着，暗示出在不同的光线下大峡谷所呈现出的种种色彩与英姿。而当这个主题最终发展为弦乐器优美的抒情时，仿佛一轮红日喷薄而出，放射出万道金光，音乐顿时变得宽广明亮。结束部分是整个乐章的高潮，先前两个主题在打击乐器和铜管乐器的支撑下相继再现，展现出一幅用明亮艳丽的色调描画出一幅大峡谷的风景画：在灿烂的阳光照耀下，大峡谷的岩壁和谷底熠熠生辉，震撼着每个人的心灵。

4. 运动特征的刻画

　　音乐中的音符是通过不断的上下运动从而产生出动人的旋律的，因此音符运动的速度快慢是与其旋律所对应的象征对象的速度特征成正比的。快速的音乐使人产生积极、兴奋的特征联想，慢速的音乐则使人产生宁静、安详的特征联想。如捷克作曲家斯美塔那创作的交响诗套曲《我的祖国》中的第二首组曲《伏尔塔瓦河》中，对"两条小溪流过寒冷的森林，汇入沃尔塔瓦河，向远方流去"的一段描写中，在竖琴和小提琴的伴奏下运用长笛和单簧管的交替奏出两条小溪急速流淌，而湍流的河水不断冲刷石子飞溅起一阵阵浪花，不时激起一些泛音，最后这些小溪速度降慢而汇入澎湃的大海，喻示作曲家斯美塔那

图 2-6 格里格《培尔·金特》（资料来源：音乐碟片封面）

对祖国的思念向大海一样汹涌澎湃，如图 2-7 所示。音乐节奏的变化也可以刻画出运动的事物，比如，海顿《第 101 交响乐》第二乐章采用弦乐器的弹拨和大管的断音，模仿时钟摆动的节奏而奏出一段持续均匀的音型，因此该乐章被称为时钟交响曲。

图 2-7 伏尔塔瓦河（资料来源：北海 365 网，朱琳，2005）

5. 音响空间的位移

通过音乐中特殊的音响组合，我们可以把三维空间中物体的运动状态表现出来。由于这些音响组合所形成的空间是音响在刺激听众的听觉器官时，因欣赏主体的文化积累以及音乐体验，而在其内心产生的抽象的感觉，所以它们是不可见的，并且不可度量。这种音响的空间感具有象征和暗示的作用，可以有效地激起听众的想象，主要体现在复调中旋律的不同位置，以及旋律的强弱对比形成的距离等方面。

音响造型的象征方式常常是用音响的位移来表示空间的位移，比如拉威尔在《布莱罗》中，表现了乐队在游行中由远到近的位移过程。首先就由一系列乐器组合反复演奏出一个固定的速度不变的旋律，然后不断变奏，直到乐曲的结尾。由于配器的作用，笔法、力度和色彩都随时在更新，像万花筒似地变化。所以，《布莱罗》绚烂夺目的色彩及其辉煌的写作技巧，曾被前苏联著名作曲家普罗科菲耶夫誉为"作曲技巧的奇迹"。

同样，鲍罗丁在《在中亚细亚草原》的开始部分，小提琴在高音区中慢慢地奏出主题，一种非常空旷辽阔的感觉，随后，大提琴以其浑厚的低音，构成断续、摇晃的行进，描绘出负重的马匹和骆驼的笨重步伐，很容易使人感到这支东方商队正骑着骆驼、驾着马匹向你缓缓走来，渐渐靠近，然后越走越远，最后消失在远方。

第3章 建筑中的音乐元素

有人说"建筑是凝固的音乐，韵律是流动的建筑"。音符、小节组成了音乐，而砖瓦、钢筋则组合成了建筑。建筑与音乐之间有着许多的相似之处，凭借设计的经验和灵感，建筑师将艺术、美学的时代特征融入建筑中。而音乐家则用不同的音乐元素表达对生活的理解和对未来的憧憬。

§3.1　建筑的乐器——管风琴

管风琴是利用气体在音管中振动发音的一种键盘乐器，其特点是音量宏大、音色浑厚，非常适合演奏庄严的宗教音乐，所以管风琴更多的用于纯粹的宗教音乐，欧洲的许多教堂里还保存着巨大的管风琴，管风琴的演奏可以制造出一种庄重的气氛和巨大的张力。

管风琴通常和拥有管风琴的教堂同时建造，并作为一堵墙直接嵌入建筑之中。这是因为管风琴的结构需要以建筑作为依托。作为建筑的一部分，管风琴周围的装饰必然要与建筑相一致。此外，根据教堂规模的不同，管风琴的规格大小也有所区别。比如一个中等规模的教堂内安装的管风琴大约有近千根音管、十几枚音栓以及两套键盘和脚踏板，这种管风琴的建造大约需要两年时间。而在部分规模宏大的教堂中，管风琴则占据了教堂内部整整一面墙的大小，在这里，管风琴除了具有演奏的作用，更成为了一种装饰。

丹麦的哥本哈根有一座名为管风琴的教堂，这座管风琴教堂不仅外形与管风琴类似，就连教堂周围的其他建筑物也都酷似管风琴，教堂因而得名。管风琴教堂的设计采用了丹麦典型的设计风格，外观简洁大方，内部装潢别致典雅，同时还拥有一架北欧最大的管琴，如图3-1、图3-2所示。

图 3-1　哥本哈根管风琴教堂（资料来源：佰程
旅行网 http://trip.byecity.com/）

图 3-2　哥本哈根管风琴教堂内部（资料来源：佰程旅行网 http://trip.byecity.com/）

§3.2　建筑的钢琴——音乐厅

钢琴是音乐殿堂中最具表现力和感染力的乐器之一，而音乐厅则是建筑领域中最具艺术性和色彩感的厅堂之一。音乐厅里演奏出来的乐曲时而温馨浪漫，时而激昂亢奋，时而愤怒悲伤，完美的音乐效果和精彩的演出，常常带领听众进入忘我的音乐境界，如图 3-3 所示。

音乐厅中演奏的音乐大多是西洋音乐，西洋音乐的特点是音域宽厚并且音响层次复杂，听众对于音响表现要求极为严格。因此，为了使音乐作品呈现出尽善尽美的效果，除了拥有专业的演奏团队和优秀的作品之外，优良设计的演奏场地也必不可少。作为音乐演出的专业场所，音乐厅的设计不仅需要保证音色的逼真和音质的纯正，将优质声音的均匀反射和扩散，把混杂的声音作吸声处理、隔声降噪，还要保证音乐厅的美观，从音乐厅内部丰富的立面层次和曲线、曲面所形成的观感上来感知音乐，使音乐还未开始，人们就能在音乐厅中感受到音乐的气氛，形成音乐感。这样才能使听众获得最完美的音乐感受。而中国的传统京剧音域狭窄并且层次简单、旋律单一，表演的成分相对多一些，所以观众对音响构成的层次要求一般不高。因此，作为京剧演出建筑的戏楼，并不需要复杂的声学建筑结构和良好的音质效果，其形制自然与音乐厅大不相同。比如音乐厅的装饰一般都典雅别致，配有专业的音乐设备和舒适的欣赏环境，而戏楼则台面简单，酒楼、茶楼均可设置，甚至出现了流动戏台，观众可以随意欣赏，如图 3-4 所示。

图 3-3 　达拉斯音乐厅内部（资料来源：百度空间-chenghui2050 的主页，2008）

图 3-4 　乐平古戏台（资料来源：乐平新闻网，胡木水，2010）

　　一般来说，京剧的腔调以西皮、二黄为主，配器也多用胡琴和锣鼓，表演方式上包含有歌唱、舞蹈、武术和杂技。相对京剧来说，交响音乐的组织结构就复杂得多。首先，交响音乐并不像京剧一样是指某一特定的音乐体裁，而是包括交响曲、交响序曲、交响组曲和交响诗等一类音乐体裁。其次，交响音乐需要由大型的管弦乐队演奏，乐队使用的乐器种类繁多，有弦乐组、木管组、铜管组、打击乐组，仅弦乐组的乐器中包括有小提琴、中提琴、大提琴和低音提琴。另外，交响音乐的表现手段也十分丰富，最基本的包括有调式、和声、织体、曲式、速度、力度、节拍、音色等，而京剧讲究唱、念、做、打，除了有演唱即唱、念之外，还包含了武功和武打，这些武功和武打本身就是一段很精彩的表演。

§3.3　建筑的音阶——阶梯

虽然许多音乐的取材来自大自然，但是随意连接的音符并不能构成音乐。从最初的乐音到最后形成音乐需要经历一段过程，这段过程如同阶梯一样将各个乐音一级一级地排列起来，形成音的阶梯，即我们常说的音阶。然而音阶并不只是一些音的简单排列，音阶是由全音、半音等音程按照一定次序组合而成的，能够体现出音乐中的调式和调性。音阶分为自然音阶和半音阶。自然音阶又分为大音阶和小音阶，均由 7 个音构成，只是半音的位置有所不同。半音阶则由 12 个半音构成。除此之外，在一些地区还有四声音阶、五声音阶、全音音阶，等等。

音阶是乐音在时间上的延续，而阶梯则是方位在空间中的转换。建筑中楼梯的作用同音乐中的音阶很相似，每一部楼梯都如同一曲乐章一样在建筑中轻歌曼舞，体现出建筑的独特韵律，如图 3-5 所示。

图 3-5　新加坡宝塔旋梯（资料来源：新浪科技，2010）

§3.4　建筑的乐思——色彩

乐思，是作曲家进行音乐创作的思维载体，小到创意，大到主题都可以构成乐思。乐思是有色彩的，著名音乐家波萨科特认为，音乐中的弦乐和人声是与颜料中的黑色相对应的，而铜管和鼓与红色相对应，木管则对应的是蓝色。同色彩一样，音色也能给人强烈、清新、淡雅的感觉。以贝多芬的第六交响乐为例，悠扬的长笛声使人感受到了明朗的天空带给人的清新，而单簧管的嘹亮明朗与清澈优美则给人以百花齐放时的色彩斑斓之感。

色彩可以用来表达使用者的感情，并通过刺激人们的感官来产生情绪上的体验。由于色彩可以直接诠释和表达建筑设计师的情感和建筑思想，所以色彩在建筑中的作用尤为重要。比如，黄色常被用在神庙建筑中来表达宏大稳重的感觉，浓厚的色彩在教堂建筑中多被用来表示宗教的肃穆和神秘，而强烈的色彩在皇家建筑中则体现出了权力的至高无上。

城市中建筑和街区的颜色构成了城市色彩的基调。城市色彩环境主要由建筑色彩、道路桥梁色彩、绿化水体色彩和公共设施色彩等构成。城市色彩的有序搭配，从视觉上带给人们的美好感受就好像听到一首动听的音乐一样使人和谐愉悦，如图3-6所示。

图 3-6　哥本哈根市的纽哈温城市色彩（资料来源：《建筑色彩学》，陈飞虎，2007）

§3.5　建筑的节奏——券拱

建筑与音乐都有着自己的节奏和旋律，只是在表现形式上有很大不同。音乐中的节奏是音符在时间上的高低强弱，而建筑的节奏则是建筑元素在空间上的连续重复。乐句的反复变化组成了音乐中的旋律，而线与面的规律性重复则形成了建筑的旋律，两者都能体现出抑扬顿挫的律动，表现出高低、浓淡、虚实、疏密等规律变化的节奏，如图3-7所示。

图 3-7　尼姆斯的水道桥（资料来源：《外国建筑史实例集①》，王英健，2006）

§3.6　建筑的乐章——聚落

从整体结构上而言，建筑与音乐都遵循着一些相似的规律。比如音乐中的奏鸣曲是由引子、呈示部、展开部、再现部、结束部组成的；而单体建筑由门廊、大厅、房间、出口构成，一个聚落则包含了入口、街道、广场、出口等公共空间，并且组成这类公共空间的各个部分之间相互协调，必不可少。又如一栋建筑上下各层之间的关系就好比一首音乐中各声部之间的音程关系一样，从左向右看去像是在阅读一张乐谱，如图 3-8 所示。

图 3-8　故宫（资料来源：互动百科-图片，叱咤风云 007）

第4章　音乐中的建筑速写

　　音乐的演奏通常都是在室内进行的，这就使得音乐必然会与其演奏场所——建筑发生不可分割的联系。建筑的色彩和造型可以在音乐中得到体现，而音乐的旋律和节奏也将在建筑中得到表现。其中一个最有利的例证就是，人们为了描写建筑而创造了大量的古典音乐。

§4.1　音乐中的城市

4.1.1　一个美国人在巴黎

　　法国的巴黎在世人的眼中一向是浪漫的代言人，一种玫瑰般的浪漫弥漫在巴黎的建筑甚至是巴黎这座城市本身。在这座浪漫的都市之中，如空气般流动的音乐无处不在。那些美妙的音符，缤纷的乐曲，让人们的思绪陷入无尽的遐想与回味，简直是如痴如醉，如图4-1所示。

图 4-1　巴黎香榭丽舍大街（资料来源：瑞丽女性网，谢青，2009）

　　美国著名作曲家乔治·格什温的管弦乐曲《一个美国人在巴黎》描写的是一位来巴黎旅游的美国人，漫步在巴黎的街道上，听到汽车喇叭的轰鸣声和人群的嘈杂声时对巴黎的印象。按照作者的话说，这首曲子实际上是"一部狂想性的芭蕾舞剧"。在这首曲子的开始部分，就由弦乐和双簧管表现出一个美国人在巴黎的大街小巷来回穿梭时生机勃勃的气氛。同时，曲子中间还穿插了几段特殊音响——出租车喇叭声，据说这是格什温为了更好地表现巴黎的街道氛围并增强爵士乐的节奏感，专门配备的四只巴黎出租汽车喇叭发出的声音。随后，一位年轻美丽的女士伴随着小提琴独奏的音乐出现在美国人面前，在与之交谈后，美国人进入了一家咖啡馆，此时，小号独奏声响起，或许是因为什么因素勾起了美国人的一丝乡愁，使得音乐旋律如呜咽般忧郁，而这段旋律通过乐队的反复渲染，更成为了全曲最为动人的部分。之后，一位热情的查尔斯人在两支小号展示的欢快主题中出现，显然地，查尔斯人的出现使美国人的精神重新振奋，刚才还因为思乡而有些忧郁的美国人将忧郁感抛到了脑后，随后，美国人离开了咖啡馆，重新在巴黎城中散步。乐曲的结尾又出现了街上的嘈杂声、出租车的喇叭声以及充满法国气氛的狂欢声。

4.1.2 伦敦城

伦敦是一个多元化的世界性大都市，从 18 世纪起，一直都是世界经济、政治、文化的中心之一。埃尔加的《伦敦城》就描写了伦敦的街头场景，描写对象是一对漫步在伦敦街头的情侣，他们为了在具有热闹气息的街巷中寻求安静，来到了一座宁静的公园，但是街头顽童的恶作剧打破了公园里甜美的安乐感。情侣不得不回到街区，再次找寻安乐，却又被一支军乐队打断，不得已，他们只能到教堂去寻求安静，谁知教堂也无法安宁，最后他们只能重新回到了大街上。

作曲家在这部作品中运用了许多不同的音乐素材，表现出伦敦的喧哗和宁静、优雅和粗俗，而且不失娱乐性。用格洛夫斯的话来说，"伦敦的公园和空地，军乐团从武士桥出发到白金汉宫，同教会和政府有着崇高关系的威斯敏斯特，这些都在辉煌灿烂的乐队色彩中反映出来"。如图 4-2 所示。

图 4-2 白金汉宫（资料来源：百度百科，HadesJuny）

§4.2 音乐中的街道

4.2.1 寂静的城市

科普兰是在美国本土音乐的发展中具有里程碑式的人物，在他长达 60 余年的音乐创作中，一直不断地开拓和创新，尝试着发展美国本民族的音乐风格。被公认为是"美国音乐泰斗"。

1940 年，科普兰为欧文·肖的戏剧创作了一首名为《寂静的城市》的配乐。这首配乐后来被改编为乐队作品，并由于色彩感浓烈而经常出现在音乐会的节目单上。在这首城市乐曲中，科普兰用小号吹奏出的颤音营造出忧伤难过的氛围，在寂静这个主题下更加显得悲伤，如图 4-3 所示。

图 4-3 美国亚特兰大（资料来源：北海 365 网-人在海外-[风土人情]美国城市图片展,2005.4.9）

4.2.2 德内大街

在北京的后海边上有一条长约 1.7km 的老街，因北连内城九门之一的"德胜门"，因而被称为"德胜门内大街"，简称"德内大街"。大街上分布着许多明、清时期的王府、祠堂以及近代、现代的名人居所，如东边的恭王、郭守敬祠和郑和居住的三保老爹胡同，西边的花枝巷和梅兰芳故居等。

由创作《2008 年申奥宣传片》音乐的音乐家王月明所作的《德内大街》是一部极具震撼力的音乐作品。王月明在作品中将二胡与合成器进行了完美的搭配，并在音乐的开头与结尾加入了老街里特有的嘈杂声响，使人们感受到了浓厚的老街氛围。为了表现街旁郁郁葱葱的树木以及小桥和四合院，作者还特别加入了弦乐以增添情趣。

§4.3　音乐中的广场

4.3.1　大连广场

在中国辽东半岛的最南端，渤海和黄海之交，有一座城市，这座城市没有酷暑的夏日，也没有严寒的冬日；这座城市拥有如诗如画的碧海蓝天，也有连绵起伏的海岸青山，这就是大连，中国优秀的旅游城市和园林化城市。

现代都市中，道路很重要，一座城市的走向和布局都需要依靠道路来确定，广场同样很重要，可以说广场是城市的客厅，有了宽阔的广场，游人在休闲观光时才能有宽松的环境。

在大连，只要有四面辐射的街道，无论这块地方有多大，都能被称为广场，因而成就了大连这个"中国最多广场城市"的称号。大连的几个著名广场是：亚洲最大的星海湾广场，中山音乐广场，以及中国第一、世界第三的海军广场。大连的广场如此有名，以至于著名作曲家郑冰先生专门为其谱写了交响组曲《大连广场素描》。

这部组曲一共包含了六个乐章。分别描写了"海港广场"、"海之韵广场"、"海军广场"、"中山广场"、"人民广场"和"奥林匹克广场"。其中第二乐章"海之韵广场"会让人有着无数只海鸥在天空中翱翔，一种置身于大海的感觉。第四乐章"中山广场"让人感受到和平年代的海滨生活给人们带来的欢乐祥和。而第六乐章"奥林匹克广场"则弘扬了《奥林匹克宪章》中"相互理解、友谊、团结和公平竞争的奥林匹克精神"。如图4-4～图4-6所示。

图 4-4　大连海之韵广场（资料来源：同程网）

4.3.2　罗马的喷泉

罗马是一个喷泉城市，这里拥有世界上为数最多也是最为壮观的喷泉群，比如《罗马假日》里奥黛丽赫本用来许愿的那座"许愿泉"，如图4-7所示。

乐曲《罗马的喷泉》创作于1913年，作者是意大利现代作曲家雷斯庇基，他出生于

图 4-5　大连中山广场（资料来源：167 旅行网）

图 4-6　大连奥林匹克广场（资料来源：成都中国青年旅行社网）

图 4-7　罗马许愿泉（资料来源：喜途旅游网，2009）

意大利的波伦亚，12 岁便开始学习作曲，先后师从于配器大师尼克拉·里姆斯基—科萨科夫和作曲家布鲁赫，在为雪莱的诗作《林仙》配曲之后，雷斯庇基开始在音乐界崭露头角。1913 年，雷斯庇基接受邀请担任罗马音乐学院的作曲教授，在此期间，他根据罗马喷泉在一天内的不同时辰的不同光线下的不同变化创作了这首著名的交响曲《罗马的喷泉》，力图用音乐来表现他对大自然的全部印象。整个音乐分为四个乐章，分别描写了"四个罗马喷泉中的每一个在与四周景色最相协调的那一瞬间"，即黎明的朱丽亚谷喷泉；早晨的特里顿喷泉；中午的特莱维喷泉和黄昏的梅迪契别墅喷泉。

§4.4 音乐中的教堂

4.4.1 教堂（莱茵交响曲）

教堂是欧洲人日常生活中所要接触到的一个很重要的场所，由于宗教在欧洲十分普及，所以教堂遍布了欧洲城乡各地。

舒曼的《第三交响曲》又名《莱茵交响曲》，这首乐曲写于 1850 年，曲中除了歌颂莱茵河两岸优美秀丽的景色以及美好的市民生活之外，还赞美了莱茵河地区最著名的德国大教堂——科隆大教堂的宏伟壮丽，如图 4-8 所示。整首作品由五个乐章构成，其中第四个乐章以间奏曲的风格插入，算是一个附加乐章，这也是本曲音乐形式上的主要特征。据说，这一乐章是舒曼在科隆大教堂旁，因看到教堂大主教升任红衣主教的庄严场景而有感而发的。柴可夫斯基十分推崇这段乐章，他曾说："在人类的艺术创作中还没有产生过比这更有力更深刻的作品。""一个伟大的音乐家有感于这所教堂的雄伟壮丽的美而写出这一页音乐，能为后辈竖立起一座像大教堂本身一样不朽的人类精神的纪念碑。"

图 4-8 科隆大教堂（资料来源：《外国建筑史实例集①》，王英健，2006）

4.4.2 管风琴（管风琴交响曲）

卡米拉·圣桑是浪漫主义时期法国著名的音乐家，他出生于法国巴黎，从小就表现出了惊人的音乐天赋，年仅 3 岁就创作了钢琴小品，赢得神童的美誉，在他进入巴黎音乐学院学习的 5 年时间里，先后结识了罗西尼、古诺、李斯特、柏辽兹等著名作曲家，并与之成为好友。他创作的《管风琴交响曲》就是为纪念匈牙利著名的作曲家李斯特所作。

《管风琴交响曲》又名《C 小调第三交响曲》，创作于 1886 年，是圣桑一生中所创作的五部交响曲中最受人们欢迎的一部。整首曲子的构思极其辉煌，除了有与管弦乐团相辅相成的管风琴之外，还加入了四手连弹的钢琴，具有十分恢宏的效果。关于乐章的划分，按照圣桑的说法"原则上包含传统的四乐章，但第一乐章的发展踌躇不前，实际上是慢板乐章的一个引子。而谐谑曲也以同样的方式成为末乐章的前导"，所以该曲被分为了两个乐章，但仍可从中看到四个乐章的传统区分法。

§4.5 音乐中的宫殿

4.5.1 阿尔罕布拉宫

阿尔罕布拉宫位于西班牙格拉纳达城北面海拔 730m 高的山丘上，是西班牙的最后一个穆斯林王朝——纳斯雷蒂王朝所建的一组大宫堡中的一部分。宫殿于 1368 年建成，占地 4 万 m^2，是典型的西班牙式的伊斯兰宫苑。旅行文学家华盛顿·欧文曾描述该宫殿为一艘"停泊在红色内华达山地土壤上的巨舰。"如图 4-9 所示。

图 4-9 阿尔罕布拉宫（资料来源：《外国建筑史实例集②》，王英健，2006）

　　阿尔罕布拉宫在阿拉伯语里是"红色宫堡"的意思，因其四周砌筑了一圈红石围墙而得名。宫殿内的主要建筑物是两座长方形的宫院及其厅房。南北向的叫做石榴院，东西向的叫做狮子院，两个院子互相垂直，是阿尔罕布拉宫的中心。

　　狮子院是阿尔罕布拉宫殿中最精美的一座庭院，东西长 30m，南北宽 18m，是后妃的住所。庭院四周由 124 根细长的白色大理石柱支撑着一个马蹄形拱券，形成一个拱券回廊。水渠形成十字形处于院子的纵横两条轴线上，水渠相交处是一座近似圆形的十二边形喷泉池，池周是 12 个精雕细镂的石狮雕像，狮子院以此得名。水从狮口喷出，流向四周的水渠。

　　阿尔罕布拉宫极尽华丽，建筑物的墙面上有着精致的壁画，拱券上布满石膏雕刻的彩色纹饰，庭院里还有蜿蜒曲折的小溪和各式各样的亭台楼阁。每当清晨的朝阳铺撒到这座宫殿时，阿尔罕布拉宫都会闪耀出金色的光芒。

　　《西班牙花园之夜》是西班牙作曲家德·法雅所作的一部附加钢琴独奏声部的交响组曲，这首曲子创作于 1915 年。全曲由三个乐章组成，每个乐章均有标题，其中第一乐章"在赫内拉里费的花园里"描写了阿尔罕布拉宫内一座名叫"赫内拉里费"的十三世纪阿拉伯风别墅里花园的迷人景色。乐曲以西班牙民间音乐为基调，融合了印象派的乐器技法，被认为是法雅的传世之作。

4.5.2　故宫

　　中国的故宫又名紫禁城，是明、清时期的皇帝处理政务以及居住的处所。其平面为长方形，东西向宽 760m，南北向长 960m，由宽 52m 的护城河环绕四周，如图 4-10 所示。宫墙四面辟门，门上均设有重檐门楼，墙角设角楼，如图 4-11 所示。宫城内有大小建筑上千座均严格地按照"前朝后市"的布局进行排列。如坐落在宫城南北向轴线上供天子朝会、登基所用的外三殿（太和殿、中和殿、保和殿）以及皇帝和皇后所居住的内三宫（乾清宫、交泰殿、坤宁宫）都是按此前后排布的。如图 4-12 ～图 4-16 所示。

图 4-10　北京故宫护城河（资料来源：《中外建筑史》，章曲，李强，2009）

图 4-11　北京故宫角楼（资料来源：《中外建筑
　　　　　史》，章曲，李强，2009）

图 4-12　北京故宫太和殿（资料来源：《中外
　　　　　建筑史》，章曲，李强，2009）

图 4-13　北京故宫中和殿（资料来源：《中外建筑
　　　　　史》，章曲，李强，2009）

图 4-14　北京故宫乾清宫（资料来源：《中外建筑
　　　　　史》，章曲，李强，2009）

图 4-15　北京故宫保和殿（资料来源：《中外建筑史》，章曲，李强，2009）

　　为了体现皇家的尊贵，故宫中的主要建筑均以黄色琉璃瓦饰顶，以朱色修饰门窗，以土红粉刷墙面，并用宫中大体量建筑前摆设的铜狮、龟鹤、日冕等小尺度的雕饰来显示皇权的威严。如故宫中体积最大的太和殿就是一座黄琉璃瓦、土红墙面、朱色门窗的重檐庑殿顶宫殿，其台基高 8 m，全部为汉白玉基石，大殿内以金砖铺地，殿前陈设着神龟和嘉量，檐角还安放着象征建筑等级高低的 10 个小兽，足见其至高无上的地位。

　　王月明创作的乐曲《紫禁城》是一首具有新时代风格的民乐，其中抑扬顿挫的鼓吹

图4-16　北京故宫（资料来源：《中外建筑史》，章曲，李强，2009）

与忧伤而淡定空灵的女声吟唱，用哀伤的曲调述说着这座神秘故都的沧桑与伟大，蕴藏着浓厚的中国风味，使该乐曲荣获了第一届中国国际音博会大奖。

4.5.3　天坛

中国的天坛位于北京正阳门的外东侧，是明成祖朱棣迁都北京时所建的祭天、祈谷的地方，主要建筑有圜丘和祈年殿。圜丘是皇帝祭天之所，由坛、坛墙和皇穹宇组成，坛平面呈圆形，分三层，坛墙是高约1m的两重内圆外方的矮墙，象征天圆地方，皇穹宇则是一座圆形小殿，内有祭祀所用的神位牌，外有圆形围墙环绕四周，该墙即为举世闻名的回音壁，站在墙的任何地方说话，离墙很远地方的人都可以听到。祈年殿又名大亨殿，是一座青瓦三重檐攒尖顶的圆形大殿，坐落在6m高的白色石基上，由一条宽30m且自南向北逐渐升高的神道将其与圜丘相连，当举行祭祀活动时，皇帝就会沿着这条神道步步升高，形成与天相接之感。如图4-17、图4-18所示。

图4-17　北京天坛圜丘（资料来源：《中外建筑史》，娄宇，2010）

图4-18　北京天坛皇穹宇（资料来源：《中外建筑史》，娄宇，2010）

1998 年 12 月，北京天坛被列入世界遗产名录。世界遗产委员会对其评价时说："天坛建于公元 15 世纪上半叶，坐落在皇家园林当中，四周古松环抱，是保存完好的坛庙建筑群，无论在整体布局还是单一建筑上，都反映出天地之间的关系，而这一关系在中国古代宇宙观中占据着核心位置。同时，这些建筑还体现出帝王将相在这一关系中所起的独特作用。"

王月明在乐曲《天坛回想》这首音乐中运用多种古典乐器，表现出皇帝率领文武百官在天坛举行祭天和祈谷大典时的肃穆与庄严，浅唱低吟的女声回荡在天地之间，则表达了作曲家对中国千年古文明的赞美之情。

§4.6 音乐中的建筑小品

4.6.1 古堡

古堡是为了抵御外敌入侵所建的一种防御工事，一般被单独建造在岩崖峭壁之上或风景优美的河边，因此极具神秘色彩，常成为一些恐怖作品和浪漫小说的创作题材。

俄罗斯民族主义作曲家穆索尔斯基，为纪念因病逝世的建筑师及画家维克多·哈特曼，以他的 10 幅画为原型创作了一部钢琴组曲——《图画展览会》。乐曲使用"漫步"主题的间奏在 10 幅画所对应的音乐小品中穿梭，模拟了在画展中观赏的情景。其中第二幅画对应的名为《古堡》的音乐小品刻画的是在金色的夕阳下，一位抒情诗人在一座中世纪的古堡前深情吟唱的画面。这里，作曲家利用中音萨克斯风凄美的乐音和弱音器靓丽的弦乐，渲染出淡淡的哀愁与萧索的意境，表现出诗人的孤独与忧伤。

4.6.2 人民英雄纪念碑

人民英雄纪念碑建立于 1958 年，坐落在中国北京天安门广场的中心，是为了纪念 1840 年鸦片战争以来，特别是在"五四"运动、抗日战争和解放战争中为中华民族的解放事业牺牲的爱国人士。碑体的主要设计人为建筑大师梁思成，碑身雕塑的主要创作者为"人民艺术家雕塑宗师"刘开渠。整个碑体高 37.94m，碑身扁直，中部为一块从山东开采的长 14.7m，宽 2.9m，厚 1m，重 60t 的花岗石，其正面刻有毛泽东题词的"人民英雄永垂不朽"八个大字，背面刻有周恩来题写的碑文。碑身底部的台座上是上下两层须弥座，须弥座四周镶有以虎门销烟、金田起义、武昌起义、"五四"运动、"五卅"运动、南昌起义、抗日战争、渡江战役为主题的八块大型浮雕，供人瞻仰。如图 4-19 所示。

瞿维所作的乐曲《人民英雄纪念碑》是一部具有鲜明时代背景的音乐作品。这首作品写于 1963 年，当时正值人民英雄纪念碑竣工 5 周年以及社会主义教育运动的关键时期。作曲家立足于这一时代特色，运用回忆、对比的手法，表现出先烈们为民族解放事业勇往直前、英勇壮烈的斗争形象，表达了人们在瞻仰人民英雄纪念碑时对先烈们的敬仰心情。

图 4-19　人民英雄纪念碑（资料来源：《中外建筑史》，娄宇，2010）

§4.7　音乐中的景观

4.7.1　长城

中国的长城始建于两千多年前的春秋战国时期，是为抵御外族入侵而修建的军事城墙，因其长达上万华里，所以有着"万里长城"之称。要修建如此浩瀚的军事工程，所花费的人力、物力、财力可想而知也是极其巨大的。据说，秦始皇在修建长城时，就动用了五十万军队并征集了无数百姓，共数百万劳力，占了当时全国总人口的 5%，足见其工程量的巨大。今天长城已成为与埃及金字塔齐名的世界奇迹，长城凝聚着无数人的智慧和汗水，见证着中华民族的伟大。就像美国前总统尼克松所说，"只有伟大的民族，才能造得出这样一座伟大的长城"。如图 4-20 所示。

图 4-20　长城（资料来源：百度图片·大杭州旅游频道
http://travel.dahangzhou.com/fengjing/277/10.htm）

　　我国著名作曲家刘文金的二胡协奏曲《长城随想》创作于 1981 年，全曲共有四个乐章，分别为"关山行"、"烽火操"、"忠魂祭"以及"遥望篇"。作者在创作时利用二胡深沉庄重的旋律与乐队奏出的悲壮豪迈的音调相结合，描绘出了人们登临长城时，俯瞰万里河山所感受到的恢弘壮美，表现了中华民族不屈不挠的精神品质，使作品具有十分鲜明的民族感与时代性。

4.7.2　园林

　　园林同教堂一样，是众多建筑类别中十分具有代表性的一类，园林最初来自于人类对大自然的探索与热爱，之后发展成一种将山、石、水、树木以及建筑和道路进行营造，形成具有观赏和休闲娱乐功能的建筑艺术形式。中国的古典园林一直以"虽由人造，宛自天开"的境界，在世界园林中占据着重要的地位。最早的园林是商、周时期供帝王渔猎所用而被称为"囿"、"台"的狩猎场。到魏晋南北朝时期，随着"天人合一"、"返璞归真"思想的兴起，园林中开始大量的开池筑山、聚石引水、养花树林，注重园林审美情趣的发展，形成了中国山水式园林的最初形制。在之后园林的发展中，造园手法与造园形式也更加丰富，出现了借景、对景、框景等视觉构图以及亭、台、廊、榭等造园要素。如河北承德避暑山庄、苏州的留园等都是中国园林的典范。如图 4-21、图 4-22 所示。

　　从所有者来划分，园林可以分为皇家园林和私家园林两种。皇家园林是专门供给帝王休闲娱乐的园林，因而规模宏大、气势雄伟，如北京的颐和园，如图 4-23 所示。私家园林则多是附属在王公大臣、富商大贾的住宅旁，供其居住游乐的后花园，因而小家碧玉、俊秀奇巧，如苏州的狮子林，如图 4-24 所示。

图 4-21 承德避暑山庄（资料来源：《中外建筑史》，章曲，李强，2009）

图 4-22 苏州留园（资料来源：《中外建筑史》，章曲，李强，2009）

图 4-23 颐和园昆明湖（资料来源：《中外建筑史》，娄宇，2010）

图 4-24 苏州狮子林（资料来源：《中外建筑史》，娄宇，2010）

　　音乐作为另外一种形式的艺术载体，虽然具有和园林不同的特色，但两者之间也有着共通点，那就是在情感的抒发上，如激昂澎湃的贝多芬第九交响乐中的《欢乐颂》就像是宏伟壮观的皇家园林，而幽美舒缓的《春江花月夜》则是清新秀雅的私家园林。

　　《春江花月夜》原名《夕阳箫鼓》，是一首著名的琵琶独奏曲，后被改编成了民族管弦乐曲，是中国古典十大名曲之一。全曲为多段体结构，共分 10 段，分别表现了月夜里春江从夜月初生到夜深月斜的不同画面，即"江楼钟鼓"、"月上东山"、"风回曲水"、"花影楼台"、"水云深际"、"渔歌唱晚"、"回阑拍岸"、"桡鸣远籁"、"欸乃归舟"和"尾声"。这首乐曲具有十分典型的古典韵味和浓郁的江南气息，通过委婉柔美的旋律，优雅多变的节奏，表达了纷繁城市中江南水乡的萧然意境，如同江南的私家园林一样带给人清秀淡雅的感觉。

第 5 章　建筑与音乐的哲学基奠

§5.1　建筑与音乐的符号与象征

符号是指具有一定代表意义的标志物或是能显示特殊意义的某种现象，象征是一种借用某种形象或某些现象来进行暗示的表现手法，符号与象征充斥着人类生存世界里的方方面面，出现在人们衣食住行等各类活动中。而建筑和音乐作为人类日常生活中的一部分，自然也与符号和象征这两个元素密不可分。

从符号和象征来看，乐谱中的音符以及建筑设计图中的文字表达都可以看做是建筑和音乐的符号，建筑和音乐以这些符号元素作为载体来进行创作表达，从而赋予它们不同的象征意义，并将其呈现在公众的面前。此外，符号和象征还可以表现在音乐的音响和建筑形体的整体结构以及局部细节中。如相同音乐中的一段旋律符号、一组织体符号或是一个动机符号，在音乐的进行中都象征着同样的主题；建筑中的一排门窗符号或是一组装饰符号，也都象征着建筑设计师的某种感受和想法。除了在相同的场合，不同的符号能产生同样的象征意义之外，在不同的场合，相同的符号也可以引导出不同的象征。如红色符号在建筑中往往作为视觉的吸引，制造强烈的象征效果，而在音乐中则表现为雄伟的象征。

建筑中有许多符号和象征的典型例子。例如古罗马万神庙以一个巨大的半圆形穹窿来象征天宇，以平面上的横、纵向两条轴线象征天地的法则，将它们的结合来象征宇宙的秩序和生命的结合，如图 5-1、图 5-2 所示。又如埃及神庙以大厅中央的高侧窗、圣堂里逐渐变小的封闭空间以及刻在墙上的假门等这些独特的布置来象征生命的道路。

图 5-1　罗马万神庙（资料来源：《外国建筑史实例集①》，王英健，2006）

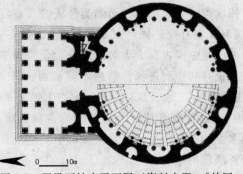

图 5-2　罗马万神庙平面图（资料来源：《外国建筑史实例集①》，王英健，2006）

相对于建筑来说，音乐中关于符号和象征的例子就更举不胜举了，音乐中的每一个音符都是它的符号，都代表着音乐的特征、音乐的主题以及音乐的民族性，每一首音乐也都有着鲜明具体的表达意义，例如柴可夫斯基创作于 1880 年的《1812 序曲》描写了俄国在 1812 年的侵略战争中打败拿破仑军队这一历史事件，其中引自圣咏《上帝，拯救你的众民》的序奏，展开部里代表俄国人情感的俄罗斯民歌《在爸爸妈妈的大门旁》以及最终的《光荣颂》主题，无不表达出俄国人民对祖国的热爱、对和平的期待和取得胜利的坚定信念。而舒伯特创作于 1817 年的《鳟鱼五重奏》则利用钢琴与小提琴、中提琴、大提琴和低音提琴组合形成的温婉坦荡的旋律，表现主人公与鳟鱼之间真挚而又略带悲伤的情感。

§5.2　建筑与音乐的宗教支撑

宗教同哲学一样，都是人类社会发展过程中出现的一种文化现象，代表着人类文明的进步，是人类文化的核心结构。宗教观念起源于人类史前社会的后期，是原始人类对神秘自然现象的一种崇拜，并随着"万物有灵论"的概念而衍生发展成不同的信仰认知。作为一种社会意识形态，宗教常常由于政治需要而被统治阶级作为精神工具来统治人民。世界上的许多国家都采取过将宗教与国家政权合二为一——"政教合一"的制度，即由国家最高的宗教领袖来担任国家的统治者，掌握国家政权，将宗教的教规视为公民必须遵守的国法，甚至还实行对统治者的宗教性崇拜。如罗马帝国的开国君主，被尊称为"奥古斯都"的盖乌斯·屋大维不仅是罗马的大祭司，即全国的宗教领袖，还被人们直接当做活着的神灵来崇拜，有着自己的祭坛和庙宇并有专门的官员进行维护。这种宗教形式不仅增强了民众对皇帝的政治忠诚，还在一定程度上促使了其他地区的政治团结，巩固了政权。

宗教建筑是人类对神进行崇拜的场所。由于东方与西方在文化信仰、心理结构以及宗教需求上存在着显著的差异，所以在其各自的宗教建筑上也反映出了相应的区别。

西方宗教认为神是救世人于苦难的救世主，居住在与人的世界截然不同的天国之上，不会轻易现身，教堂正是神与人沟通的场所，为了表达对神的敬畏和对天国的向往，西方教堂的建筑尺度大都十分巨大，例如哥特式教堂内部高耸而轻盈的空间和犹如从柱子上散射出来的尖拱券，以及教堂外部尖形的山花和门窗洞口，无不充满着强烈的升腾感，形成向天国接近的幻觉，如图 5-3、图 5-4 所示。而东方文化更注重人的现实意义，所以东方教堂的尺度一般以人的尺寸为依托，体量适宜，接近实际的尺寸需要。

同时，由于西方教堂体量巨大，也使得站在教堂面前的人显得格外渺小，这种强烈的反差，往往会产生深刻的艺术效果，再加上宗教音乐空灵、优美以及穿透人心的张力与艺术控制力，所以当西方虔诚的信徒们接近教堂时，立刻就能感受到强烈的宗教气息，获得神灵的感召。而东方教堂里接近人自身实际需要的建筑尺度则拉近了人与神的距离，神如同人一样居住在宫殿、官舍、石窟，甚至是茅草屋中，只有进入神的居所，才能感受到神的伟大。

图 5-3 索尔兹伯大教堂尖形的门窗洞口（资料　　　图 5-4 索尔兹伯大教堂内部（资料来源：
来源：《外国建筑史实例集①》，王英健，　　　　　　《外国建筑史实例集①》，王英健，
2006）　　　　　　　　　　　　　　　　　　　　2006）

　　东方教堂的功能布局大多充满着均衡的秩序感。如河北正定隆兴寺里尊佛的建筑位于一条南北中轴线上，地位最高，皇帝的行宫和僧侣住所则位于寺院东西两侧的次位，形成神、天子和僧侣之间的一种主次关系，如图 5-5 所示。而西方天主教堂则喜好形成统帅全城的集中式布局。如教堂前聚集人流的广场和以教堂为中心发散出去的城市道路。

图 5-5 河北正定隆兴寺（资料来源：《中外建筑史》，章曲，李强，2009）

　　由于思想理念与心理需求的不同，东方与西方的宗教建筑在材料的选择上也有很大不同。由于西方的经济模式是以狩猎的方式为主，造就了他们在人与自然的关系中以人为出发点、重物的心态，所以西方教堂多以永恒的石材作为基本材料，来表现神之外人的主体地位。而东方以农耕为主的经济模式中对自然的重视，再加上中国老子所宣扬的"天人合一"的思想观将人作为自然的整体，所以以木材为主的东方教堂就更加表现了神与自然界中人的亲和关系。

　　除了建筑中的不同之外，在音乐中，随着教堂和寺庙结构上的不同，也使得东方与西方的宗教音乐产生了巨大的差别。东方的寺庙内部往往以佛像为主体，佛像造型高大，庙内留给香客与僧侣驻足的地方较小，僧侣们多以跪拜的姿势进行念经和清修，佛教音乐就是这些佛教徒为佛教仪式进行唱念的声音，佛教音乐是指用清净的言语来赞叹诸佛菩萨的三宝功德。如《大悲咒》、《心经》、《阿弥陀佛经》等，基本上是佛经。西方教堂中供奉的神像尺度往往较小，教堂内有着宽大的空间和座椅留给教众进行祷告与忏悔，教堂音乐和谐、平静而具有渗透性，这种教堂音乐代表着上帝的声音，给人以心灵的洗涤。如巴赫的《b 小调弥撒曲》和《马太受难曲》等。

　　虽然在文化信仰、建筑结构以及音乐类型上东方与西方有着很大差异，但它们的精神场所是相同的。例如科隆教堂半透明墙壁所产生的"连续的光"和印度寺庙的镂空墙壁所形成的"奇异的光"，就同样都是对于"光"的意义的重新解释，如图 5-6 所示。

图 5-6　科隆大教堂内部玻璃窗（资料来源：《外国建筑史实例集①》，王英健，2006）

　　总之，建筑在宗教的支撑下表现出现实生活和宗教信仰的和谐统一，音乐在宗教的支撑下达到精神自由与形式自由的有机结合。建筑与音乐共同在宗教领域中绽放出与众不同的光芒。

§5.3　建筑与音乐的美学规则

5.3.1　多样性与统一性

　　任何事物从表面上看都是一个不可分割的整体，但实质上事物都是由许多相互联系的不同部分，按照一定的规律有机组合而成的。这些部分的不同差别使事物表现出多样性特性，而各部分之间的相互联系则体现出了事物的统一性。多样与统一是任何艺术的形式美所必须遵循的规律与原则，如果没有多样的造型变化，绚丽多姿的艺术世界必将变得单调乏味，如果没有统一的构图秩序，严谨有致的艺术形式一定会显得杂乱无章。因此，一件作品的艺术价值除了依赖于各部分之间的差异性之外，还要依靠其合理统一的组织安排，也就是要在复杂多样的组成部分中寻求高度的统一，唤起人们对于美的认识。

就音乐来说，缺乏变化的音乐会让人感到枯燥无味，令人生厌，而缺乏统一的音乐则成为噪音，使人心慌烦躁。由于音量、音高这两个声音的基本属性变化是十分明显的，再加上不同的乐音按照一定的法则进行重叠就能形成不同的和声，选定不同的主音根据一定的关系连接就能建立不同的调式，而且不同的民族地域，由于文化信仰的不同，音乐差异也很大，所以音乐的种类与特性比颜色与形状等这些艺术形式多得多。

我国的苏皖民歌《茉莉花》原名《鲜花调》，曾被用做歌剧《图兰朵》的主要音乐和张艺谋执导的申奥、申博宣传片中的背景音乐，在全世界广为传颂。自从乐曲《茉莉花》流传以来，这首乐曲就因各地音乐风格和题材内容的不同而有着各种各样的变种，如江苏的《茉莉花》旋律委婉，风格清新，河北的《茉莉花》音律起伏，感情强烈，东北的《茉莉花》曲调平直，音乐朴实。虽然在乐律上各地均有不同，但这些乐曲都有着基本相同的旋律骨架，让人们听到便能知晓它就是乐曲《茉莉花》，这正体现了多样而统一的思想。

从建筑上来讲，不同时期的建筑有其不同的特点，这些建筑反映了当时的社会政治、经济和文化艺术的发达程度。如古希腊的人文主义文化造就的"希腊三柱式"与围廊式的神庙建筑形制，中世纪帆拱技术的发明引申的突出的中央大穹隆覆盖的巴西利卡式建筑布局，巴洛克时期标新立异、追求新奇的风尚产生的建筑立面上重叠的山花和巨大的涡卷，以及现在为满足人类生活上的更高需求而创造的高科技建筑，都是在不同的时期与文化等背景下孕育而生的不同建筑特征。如图5-7～图5-10所示。另外，每个民族在建筑形式的标准与尺度上也因各自文化传统的不同而有所不同。如西方建筑追求厚重与敦实，而中国建筑则善于体现轻巧与灵活。

图5-7　古希腊三柱式，从左往右依次为多立克柱式、爱奥尼柱式、科林斯柱式
（资料来源：《中外建筑史》，章曲，李强，2009）

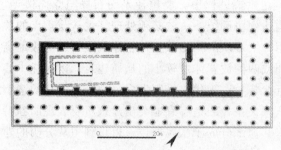

图 5-8   赫拉神庙双排围柱式神庙（资料来源：
《外国建筑史实例集①》,王英健,2006）

图 5-9   巴洛克建筑——罗马圣卡罗教堂正
立面（资料来源：《中外建筑史》,
章曲，李强，2009）

图 5-10   现代建筑——东京中银密封舱型塔（资料来源:《中外建筑史》,章曲,李强,2009）

　　浙江龙泉市的城市色彩规划就充分体现了多样性和统一性的结合。在规划设计中，整
个城市按照时间顺序被分成老城区、旧城区和新城区三个区块，每个区块以不同的色彩进
行区分，老城区被赋予有着古旧感的灰黑色调，旧城区因时间距离较近，所以在灰黑色调
上略加上了黄色以形成淡色调，新城区是城市未来发展的希望，采用了黄、粉色调。虽然
三个区块的颜色各不相同，但每个城区的颜色都是按照明暗渐变的方式进行编排，从老城

区的灰黑色调过渡到旧城区的黄灰色调，最后向新城区的黄、粉色调发展，使整个城市的色彩布局多样而又统一。

5.3.2 主从与重点

主从与重点是自然界普遍存在的一种相互关系，如植物的躯干与枝叶、动物的身体与四肢，无不体现出主与从的差别。由于组合成事物整体的各要素在整体中都有着各自不同的地位和重要性，其比重对整体的统一性有着巨大的影响，所以，各个组成部分之间应该有差异的对待，即应该有主角和配角的区别，有中心和外围的差异，有主从与重点的分别，这样才能避免松散、单调而使各要素形成一个统一的整体。

建筑创作需要考虑主从与重点的差别。在建筑设计中，要想使平面布局与立面造型、内部空间与外部尺寸、细部装饰与整体结构达到协调统一，就必须处理好主从与重点的关系。我国古代的大型宫殿建筑群就喜欢采用一主多从的构图形式，将体量最大、等级最高的主体建筑放在地位突出的中央，而在四周或两侧放置体量较小的从属建筑，以衬托中心建筑的重要性，形成分明的主从关系。而近代建筑、现代建筑则大多采用一主一从的造型模式，将次要部分布置在主体的一侧形成依附关系，或是有意地突出建筑所要表现的独特的功能特点，使其成为构图的重心，同时将其他部分放于从属地位，以得到主从分明的建筑造型。

萨克森—安哈特州广播电视台大楼是格尔伯建筑事务所于1998年设计建造的一栋建筑，该建筑建造在萨克森—安哈特州易北河东侧的一片绿化丛中。格尔伯建筑事务所的设计师在设计时并没有因为建筑周围的绿化丛而过多地追求建筑的环境景观，仅仅将其与大教堂的隔岸相望作为强调的主题，将建筑平面设计为张开的马蹄形，马蹄的外立面采用封闭的深蓝色墙体结构，开口则利用宽敞通透的玻璃幕墙，形成伸展的动态，朝向河对岸的大教堂，与之遥相呼应，使得建筑整体主次分明，重点突出。如图5-11、图5-12所示。

图5-11　电视台总平面（资料来源：蔡永洁　《灵活多样，矛盾统一——格尔伯建　筑事务所作品浅析》）　　图5-12　从电视台室内看教堂（资料来源：蔡永洁《灵活多样，矛盾统一——格尔伯建筑事务所作品浅析》）

音乐中的主从关系也有许多体现，最明显的就是音乐中主旋律与其他旋律之间的主次关系。主旋律是音乐作品或乐章中不断再现或变奏的主要乐句，即旋律主题。主旋律的作用在于不断强调音乐内容，以加深人们的印象，达到深入人心的目的。主旋律是每个音乐作品都必须具有的，而其他旋律是配合凸显主旋律进行的。对于一部音乐作品来说，其主旋律与其他旋律的主次关系应该清楚、明晰，这样才不会陷入杂乱无章、混乱不堪的局面，才能形成清晰的音乐形象。

由于音乐具有深刻的艺术主题，所以音乐所要传达的情感信息也因作曲家创作思想的不同，而有着不同的侧重点。如 1786 年首演的歌剧《费加罗的婚礼》是以法国作家博玛舍的同名喜剧作为剧情，讲述了伯爵的仆人费加罗和侍女苏珊娜为了爱情与伯爵斗智斗勇，最终取得胜利的故事。这部歌剧无情地揭露了统治阶级的昏庸无能，赞颂了奴隶阶级的机智勇敢，强烈地抨击了当时的封建政治制度。歌剧的作者莫扎特为了产生社会认同感，并没有拘泥于意大利喜歌剧的滑稽和夸张，而是着重于在音乐中传递出剧中人物的情感信息，巧妙地运用了重唱和合唱，成功地推动了剧情的发展。

5.3.3　均衡与稳定

从一定意义上来说，人类的建筑成果可以看成是与重力进行不懈斗争的产物。在古代，埃及人以不可思议的力量与智慧，将一块块厚重的巨石层层叠放，建造了高达百米的金字塔。在现代，人们以高超的科学技术，摆脱重力的束缚，创造出高耸入云的摩天大楼。在与重力的斗争过程中，人们逐渐发现下部大上部小的建筑体型往往比下部小上部大的形体，更加使人具有安全感，而对称的建筑结构也比不对称的结构更让人有舒适感，这也就是均衡与稳定的审美观念在建筑上的体现。任何建筑的体量组合都要保持均衡与稳定的条件，这样才不会因轻重失调而让人产生不愉快的感觉。如留存至今的第四王朝法老胡夫的陵墓——胡夫金字塔，其塔身为正方锥体，塔高 146.4m，地面边长为 230.6m，用230 多万块长 6m，宽 2m，重达 2.5t 的黄褐色石块不施灰浆而层叠砌筑而成，如图 5-13所示。由于方尖锥体结构下大上小，逐渐收分，具备了保持均衡与稳定的相应条件，所以塔身历经五千多年仍能屹立不毁，并且至今仍是服饰、建筑、绘图等艺术领域的美学元素。

图 5-13　胡夫金字塔（资料来源：《中外建筑史》，娄宇，2010）

均衡包括对称与非对称两种平衡形式。对称的事物本身就是均衡的，所以对称的均衡形式很早就被人们使用在建筑中。如雅典帕提农神庙外立面简单的左右对称，美国国会大厦平立面上复杂的多段对称，都是建筑物在均衡中心的两边完全一样的均衡构图。但随着科学技术和审美观念的进步，现代的设计师们已经很少采用这种具有严格制约关系的对称形式，而更多地采用一种轻巧灵活的非对称形式。这种非对称形式在均衡中心两侧的形式虽然不同，但在美学意义上却与对称形式有着异曲同工之处。如法国的亚眠大教堂就以中央突出的哥特式小尖塔来强调均衡中心，以达到视觉上的均衡。如图 5-14 ~ 图 5-16 所示。

图 5-14　帕提农神庙（资料来源:《中外建筑史》，娄宇，2010）

图 5-15　美国国会大厦（资料来源:《中外建筑史》，章曲，李强，2009）

图 5-16　亚眠大教堂（资料来源:《外国建筑史实例集①》，王英健，2006）

音乐中的均衡与稳定是与建筑相通的。如巴赫的《平均律钢琴曲集》就体现着同样的均衡与稳定的原则。这部曲集共分为上、下两卷，各有 24 首前奏曲与赋格。其中下卷的《升 F 小调前奏曲与赋格》中的赋格是一个有着三个声部重唱性质的抒情调音乐。三个声部之间相互制约；而又互相交叉融合，就像星系结构一样围绕着同一个中心转动，各声部在相同程度上，体现着均衡与稳定。每个音符之间良好的音色，音与音之间适宜的联系，使其组成良好的声部关系，从而形成和谐的效果。

5.3.4　对比与反差

对比是把具有差异的不同事物或同一事物的不同方面放在一起进行比较的表现手法，反差则是指事物对比之后所存在的差异程度。如何运用事物的这些差异性来达到艺术形式的均衡协调与完美统一，正是对比与反差在寻求形式美的过程中所需要研究的具体内容。

在建筑设计中，无论是建筑的外部形体还是内部空间，朝向方位还是面积大小，整体结构还是局部装饰，都离不开对比与反差的运用。一幢建筑只有与自身对比，与周围环境对比，才能突出其自身特点，给人留下深刻的印象，才能借助事物之间的差异与共性，同其他建筑、环境和谐相处，避免没有差异造成的单调乏味和过分强调差异产生的混乱喧嚣，以达到统一中富有变化，变化中又和谐一致的效果。

贝聿铭设计的巴黎卢浮宫玻璃金字塔中现代与传统的对比，简洁与繁琐的对比以及虚与实的对比和空间大小的对比都充分地体现了这种对比反差。如图 5-17 所示。

图 5-17　卢浮宫玻璃金字塔（资料来源：《中外建筑史》，娄宇，2010）

卢浮宫始建于 1204 年，是法国历史上最悠久的王宫，而玻璃金字塔则是 1988 年建成的卢浮宫地下扩建部分的入口。设计师利用金字塔具有现代感的简洁线条和玻璃光亮通透的材料特性同古典优雅的卢浮宫形成对比，造成强烈的视觉冲击，同时又使金字塔的三角形立面与卢浮宫屋顶下的三角形山花产生共性，形成良好的视觉交流，将现代与传统衔接得恰到好处，毫不夸张。

音乐中同样也需要对比反差。如法国作曲家圣桑于 1886 年创作的管弦乐组曲《动物狂欢节》中的《天鹅》就同时运用了两种不同的旋律节奏进行对比，其中两架钢琴弹奏的起伏音型，表现出清澈洁净、水波荡漾的蔚蓝色湖面，而大提琴奏出的舒缓动人的旋律，则描绘了高贵优雅的白天鹅昂首遨游于水中的情景。钢琴与大提琴一动一静的节奏对比，将湖水与天鹅的形象完美地呈现在人们眼前。

5.3.5　韵律与节奏

韵律与节奏是音乐和诗歌中用来表达音调的高低起伏、旋律的抑扬顿挫等曲调要素的两个音乐概念。一般认为韵律与节奏都是组成物体的诸元素按照一定的秩序进行规律性重复的一种律动，比如落入水中的石子在水面上激起的一圈圈逐渐扩散的波纹，将纱线或长条形竹木沿经线、纬线方向交织穿插形成的手工编织物，万千梯级在重复的递进和迂回弯曲中产生的梯田，以及我们每天都要重复经历的日出日落、风起云涌，这些自然界中的现象和事物由于规律性的重复出现而形成了独特的韵律和节奏。但韵律比节奏更富有情调，韵律不仅利用一系列要素的规则变化产生出丰富多变的形象，避免了单调乏味，使其在情感的统一下具有了美感。在各种艺术形式中对这种美的方式加以模仿和利用，我们便可以得到多种美的形式，创造出美妙的艺术作品。

音乐是最能体现韵律美的一种艺术形式。音乐通过节奏、旋律和声调来形成乐章，以乐音的强弱、长短、高低，节拍的轻重、缓急等因素有规律地重复交替出现来构成不同的音乐韵律，使其更加生动，并富有情感。如急促强烈的乐音与铿锵有力的节拍相结合，会产生雄壮豪迈的韵律，舒缓悠扬的乐音和轻柔温婉的节拍相结合，则产生端庄秀美的韵律，而凌乱嘈杂的乐音与轻快跳动的节拍相结合，则能产生欢乐活泼的韵律。以《圣经·创世纪》和诗人弥尔顿的《失乐园》为题材的宗教清唱剧《创世纪》里，海顿就利用节拍与乐音的不同组合形成各种不同的韵律，来表现山川、鸟兽、日出、大地和生命的音乐形象，描述上帝创造自然物、生命之物和亚当、夏娃的过程。

建筑中等距离高低排列的窗，相同形状连续重复的立柱以及间距渐大或渐小的线脚装饰，都是其韵律与节奏的表现。建筑中的韵律美与音乐中的韵律美具有许多相似性，将建筑中点、线、面的长短大小，色彩上的明暗深浅，光影装饰上的虚实渐变进行有秩序的变化，就可以得到古典音乐般的韵律美。如图 5-18、图 5-19 所示，罗马大角斗场里放射状的环形拱，意大利文哲米尼府邸垂直和水平向的复杂装饰线，哥特教堂内部重复的尖形肋骨拱顶，以及希腊神庙外部规则的柱廊，等等，这些形象而又生动的造型就像钢琴的黑白键盘一样，时刻体现出音乐的韵律。除了立面构图和细部装饰外，建筑空间的营造上也同样具有韵律与节奏。比如当人们行走在神庙、宫殿等大型纪念性建筑中时，往往会先通过一个空间较小的门厅进入一个较大的过厅，再由过厅开始依次迈入其他不同空间，到达建筑物的各个部位，这些空间有大有小，有宽有窄，有高有矮，不同空间之间渐大渐小相互交替，以此来形成建筑空间上的独特韵律。

图 5-18　罗马大角斗场里的环形拱（资料来源：《外国建筑史实例集①》，王英健，2006）

图 5-19　林肯大教堂内部的尖形肋骨拱顶（资料来源：《外国建筑史实例集①》，王英健，2006）

5.3.6　比例与尺度

比例是建筑艺术中一个十分重要的特征，比例存在于任何具有"长、宽、高"三方面度量单位的事物之中，建筑物的体积与单个房间的体积之间具有比例，建筑物立面的高宽与立面门窗的长宽之间具有比例，就连门窗自身的长宽之间也存在着比例。恰当的比例会给人带来和谐理性的美感，而比例失调则会给人带来动荡不安的心理感受。

由于比例来源的复杂性，所以要取得优美的比例并不是一件十分容易的事情，而是需要细致入微的研究实验才能得到。现代建筑大师勒·柯布西耶的"模度"理论给了我们对于优美比例的良好示范。柯布西耶的"模度"是根据文艺复兴时期达·芬奇的人文主义思想，以法国男性的平均身高（6 英尺）为参考标准，将一系列与人体尺度有关的数字通过黄金分割率和斐波那契数列结合在一起，形成的一套统一的度量系统。这套系统并不只是抽象数字的几何表达，而是千百年来人们在对大自然的观察中，以比例方式总结出来的美学规律，被柯布西耶广泛运用到了建筑设计中，用来确定建筑物的尺寸。如被称为"居住单元盒子"的马赛公寓的设计中，柯布西耶就运用了 15 种模数来确定公寓内外的所有尺寸。这种使建筑物的建造趋向于理性与规范化的设计方式，不仅使设计工作变得异常简单，而且精确的数学构图也为这幢现代建筑物带来了古典气质，如图 5-20 所示。

尺度是一个与比例密切相关的建筑特征，尺度对于事物尺寸上的研究，并不像比例一样需要具体到各部分的数量关系，而是着重于物体的整体或局部在美感层面上的尺寸大小与实际尺寸之间的关系。这种寓于物体尺寸之中的美感是体现在人们心理感觉上的。当人们印象中的建筑大小与真实大小一致时，意味着建筑物具有好的尺度；反之，当两者完全不同时，则表明建筑物失掉了其应有的尺度，而给人装腔作势或是迷惑不解的观感。例如为了纪念爆发于德国莱比锡的民族大会战而建造的莱比锡战争纪念碑，由于各构件尺寸大小上的过度虚夸，不但不能在整体上获得实际尺寸所拥有的雄伟壮观的效果，反而使整体尺寸比看起来的要小得多，如图 5-21 所示。

图 5-20　巴黎马赛公寓（资料来源：《中外　　　　图 5-21　莱比锡战争纪念碑（资料来源：百
　　　　　建筑史》，章曲，李强，2009）　　　　　　　　　度百科，IOU_ Becks）

　　在音乐中，比例与尺度也有所表现。只是这种表现并不是实体性的量化，而是音乐各要素融合在一起产生的平衡和谐的效果。例如威尔第创作的歌剧《阿伊达》中，国王、大臣们在高大金色的泰伯城门下，为迎接凯旋的军队，所演唱的《荣耀归于埃及》这首气势宏伟的音乐，与军队归来欢庆胜利的场景很好地融合在一起，使整首乐曲的基调显得和谐而又适当。

5.3.7　色彩与层次

　　色彩是通过人眼及大脑对光线的反应而产生的一种视觉印象，太阳光中充满了各种不同的色光，物体的色彩，就由物体所反射出来的色光来决定，如红苹果反射出大量的红色色光，而青苹果则反射出大量的绿色色光。正是因为这些不同的色光，整个世界才能如此的五颜六色、丰富多彩。在人类的物质生活与精神生活中，色彩始终散发着令人无法抗拒的魅力，人们在欣赏与感受色彩带给的神奇与震撼的同时，也在不断对色彩的产生和应用规律进行研究，从而形成能用于指导实践的色彩理论和法则。

　　在建筑设计中，色彩是一项不可缺少的元素。平庸的建筑可以因为色彩的生动突出而变得卓越不凡，非凡的建筑则会由于色彩处理上的粗枝大叶而变得庸俗不堪。不同的色彩还能营造不同的建筑氛围，如沉着淡雅的颜色会使医院显得宁静安详，而明快亮丽的环境色彩则能使幼儿园更加活泼欢快。中国的古代建筑十分重视对于色彩的应用，由于古代多以易腐蚀风化的木制构架建造建筑物，因此很早就发明出能对建筑材料进行保护的彩色油漆涂料，将其涂抹在木构架表面来增加其使用寿命。后来，随着人们对色彩的进一步认识，这些丰富的色彩被运用到建筑装饰上，并成为封建统治阶级用来区分贵贱等级的工具。如帝王天子的宫殿、陵寝以代表尊贵的金黄色饰顶，并用象征希望与喜庆的红色装饰柱子，而平民百姓则只能用平凡普通的土黄色或是灰暗的青色来粉饰房屋。在北京紫禁城里我们可以明显地看到金黄色的琉璃瓦屋顶、青绿色的油漆彩画、大红色的立柱和宫墙以及白色的汉白玉台基，这些鲜明的色彩无不表现出皇家建筑的华丽和皇家身份的高贵。如图 5-22、图 5-23 所示。

图 5-22 北京紫禁城午门（资料来源：《中外建筑史》，章曲，李强，2009）

图 5-23 北京紫禁城内汉白玉拱桥（资料来源：《中外建筑史》，章曲，李强，2009）

色彩不仅能引起人们视觉器官的不同感觉，同样也可以激发人们听觉器官的不同感受。音色是色彩在音乐中的体现，音乐作品中音调的高低、响度的大小就如同美术作品中颜色的深浅浓淡一样，能带给人温暖、幸福、悲伤的感觉。如德彪西创作于 1905 年的钢琴套曲《印象集》中的第一首曲子《水中倒影》，就巧妙地抓住了泛起粼粼银光的水面给人的瞬间感觉，用不断变幻的和声来表现此刻水面上光影浮动的效果，刻画出水中倒影的轮廓。

5.3.8 含蓄与直白

含蓄与直白是一对与表达方式相关的反义词，含蓄是指委婉而耐人寻味的感情表达，直白则是简单直接的抒发情怀。含蓄与直白同是建筑创作中的两大设计手法。含蓄有含蓄的美，直白也有直白的优，含蓄与直白所呈现出来的是两种截然不同的形式美。

中国古典园林中"小中见大，大中见小，实中有虚，虚中有实"的山水布局手法，就是追求"含蓄"的体现。园林所带给人的美感，并不是山石树木的存在，而在于这些要素在交织融汇与含混朦胧中所表达的"含蓄"意境，只有使人们置身其内却又似乎度身其外，才能给人们创造无限的想象空间。如苏州怡园里曲折盘绕的小路，幽静深远的园景，不免让人浮想联翩，产生含蓄感。西方宫廷园林的特点与中国古典园林正好相反，西方园林设计师们喜好以几何形体的美学原则为基础，追求一种构图上的"直白"感，多采用对称布局，并以明确的轴线贯穿整座花园，各部分关系清晰而肯定，空间分明，秩序井然。如法国麦东府邸花园里简明的几何布局给人以强烈的直白感。

复习与思考题 1

1. 音乐厅、歌舞剧院为什么要有音乐感，而戏楼则给人们的感觉会不同？

2. 音乐能够完全可视化吗？音乐都能用视觉艺术表达吗？画家能把这种感觉画出来吗？舞蹈家能把音乐表达出来吗？

3. 如果音乐和建筑、音乐和舞蹈、音乐和书面、音乐和诗歌、音乐和电影放在一起，谁强势一些？最后的结合应属于什么？其艺术价值对音乐来说是提高还是降低？对另外一半（即音乐的搭配）会有影响吗？如果音乐与篮球结合，那么还属于艺术吗？

4. 现在流行音乐和古典音乐的视觉成分谁多一些？日本音乐家久石让常常会在演出现场加一个大屏幕，用意何在？其艺术价值是升高还是降低？

5. 流行音乐有什么特点？你为什么会喜欢流行音乐？古典音乐有什么特点？你喜欢吗？

6. 歌剧往往是音乐和建筑的结合体，试举例谈谈音乐与建筑的关系和作用，并分析它们是怎样相互影响的。

7. 音乐能够表达一个具象的建筑吗？一般音乐是通过什么方式表达建筑的？建筑语言有什么特点？能够表达某首音乐吗？

8. 在歌剧中，表达具象的情感或思维，用的是什么方式？表达抽象的情感或思维，又用的是什么方式？

9. 如果制作动漫，先作动漫后作音乐，或者先作音乐后作动漫，哪个难度更大？

第二篇　建筑与音乐的历史源流

"把音乐史与建筑史摆在一起互相印证是一件有趣的事。同音乐在每隔一个阶段便有新元素加入，从而开始另一种风格、另一个潮流的过渡一样，在建筑方面，人类的创意也是层出不穷、前仆后继，掀起一个又一个潮流。"

——《石头记》品牌创始人苏木卿

第 6 章　远古时代（300 万年前—公元前 2000 年）

　　人类一直处于既依附于自然又与自然相抗争的发展历程中。在原始社会，我们的祖先为了躲避风雨灾害、抵抗野兽侵袭，选择了在树上构建自己的居所，这便是树屋。同时，他们还依附于天然的洞穴、土垒作为藏身之所。而自然界的日月、星辰、山川、河流也由于人类对大自然的神秘向往，成为人们崇拜的对象。随着与自然的不断斗争，火的使用与耕作技术发展，人类逐渐脱离了颠沛流离、寻找食物的生活，开始了掘土为穴的原始土建活动，于是人类文明史上第一座真正意义上的建筑——"竖穴居"便问世了。在生产力的缓慢提高以及人类文明的产生和发展中，建筑又由凹陷于地下的地穴形式渐渐上升发展为地面建筑，并开始成为社会思想观念的物化表达，人类对于艺术的追求也促使建筑技术向更高层次发展，如图 6-1、图 6-2 所示。今天，人们不仅发现了史前社会的竖穴居、石屋、树枝棚以及土方屋，还在考古中发现了村落群居文化的遗址，而与这些部落文化相对应的宗教活动也同时出现，于是中心大屋、祭祀石环、圆形庙宇等建筑形式相继出现，带给人们丰富多彩的文化生活。

图 6-1　杰里科之墙——公元前 7500 年，西方建筑史上最古老的城市设施
（资料来源：《外国建筑史实例集①》，王英健，2006）

　　自然同样也给人类带来了美妙的声音。那呼呼的北风，噼啪的细雨，轰隆的雷声，哗哗的流水以及叽喳的小鸟，启发了人类对音乐的创造，促使人们开始利用声音的高低强弱来表达感情，传递信息。比如劳动时，人们为了减轻疲劳会喊着有节奏的号子；收获时，

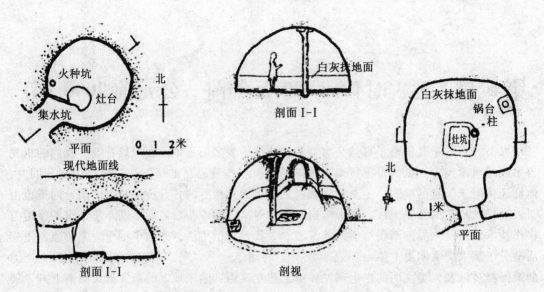

图 6-2　山西岔沟龙山文化洞穴遗址示意图
（资料来源：《中外建筑史》，章曲，李强，2009）

人们为了表达内心的喜悦会敲打石器、木器，从而产生最原始的音乐和乐器。然而，远古时代的音乐并不像建筑一样能遗存下来，只能通过口头的形式来世代传送，一直到中世纪时期，音乐才开始被记录，首次记录下来的音乐是颂扬天神荣耀的僧侣素歌，所以僧侣便是人类历史上的首批作曲家。

标志性建筑：巨石阵。巨石阵位于英国南部威尔特郡的索尔兹伯里平原，距今已有4000多年的历史，是一座"环状列石"建筑遗址，因而又被称之为索尔兹伯里石环。石环直径约为32m，由38块直立在地面高约6m的长方形巨石块环绕而成，相邻石块上还横躺着巨石，形成石楣梁，石环当中另有五座门状的石塔，使整个结构呈马蹄形排列。据推测，巨石阵是为观测天象而建造的一座古代天文台，其主轴线和石柱与石门的间距同主要节令日中太阳初升与日落的方向有关。

第7章　古代埃及时期（公元前3200—公元前300年）

§7.1　古埃及的建筑艺术

早期埃及由于尼罗河流经国土的位置不同，曾有上、下两个埃及王国，上埃及在尼罗河中游，下埃及在河口三角洲。公元前3000年左右，上埃及与下埃及统一，建立了美尼斯第一王朝，定都于尼罗河下游的孟菲斯（开罗），历史上称这一时期为古王国时期，由于埃及金字塔绝大部分是在这一时期修建的，所以这一时期也被称为"金字塔时代"。从这时开始直到公元前336年被希腊亚历山大大帝征服为止，古埃及时期一共经历了31个王朝，四个历史阶段：古王国时期、中王国时期、新王国时期、后期，共有前后两千多年的发展历程。

埃及位于非洲东北部尼罗河流域，是人类历史上最古老的国家之一。由于埃及绝大部分地区都被撒哈拉大沙漠覆盖，雨量很少，气候干旱炎热，促使早期住宅的墙壁很厚，窗洞很小，往往给人一种神秘和封闭的感觉。

由于尼罗河上游多为岩石，下游多为沙漠，两岸树木稀少，所以古埃及人最早使用芦苇、纸草和土坯作为建筑材料，并以梁柱结合的结构方式来建造房屋，后来出现了砖和石料，石头就成为了埃及建筑的首选材料。由于埃及人奉行一种"拜物教"，他们信奉大山、河流、圣牛、圣马，所以在古埃及建筑上，如神庙和陵墓，埃及人常常雕有他们崇拜的法老、象形文字、记载宗教、历法，成为埃及的建筑符号。

古埃及人相信死后可以复燃，认为死就是生的另一种形式，就像太阳早上从东边升起，然后晚上在西边落下去，周而复始地循环下去，所以他们把金字塔放在尼罗河西岸。古埃及人认为灵魂不灭，会寄托在尸体中，千年之后在极乐世界里复活，所以要保护好他们的身体，因此古埃及的医学非常发达，有着保存尸体制作木乃伊的先进技术，并且特别重视修建死者的存在之所，所以陵墓和生前建筑一样有起居室，有会客厅，其规模更加宏大，在古埃及的建筑活动中占有非常重要的地位。

埃及陵墓建筑正是模仿这种住宅建筑的形式而发展起来的。最早的陵墓建筑是玛斯塔巴，是用砖石砌筑的略有收分的长方形平台，墓室设在地下，地面有入口，如图7-1，图7-2所示。由于玛斯塔巴易受风沙的侵蚀而暴露在外，为了对该陵墓进行加固，人们在其四周修建牢固的平台，并以倾斜的墙体支撑，这样就在玛斯塔巴上部形成了一层层向上收缩的阶梯，于是便有了金字塔的原型，即锥形的台阶式金字塔。随着埃及专制制度的强化，陵墓又向着集中的、不朽的纪念性方向演变，最终形成了棱锥形金字塔。金字塔无可比拟的厚重体量，给人造成一种表达了一种永久不变的感觉，也印证了埃及人的一句俗话"人惧怕时间，时间惧怕金字塔"。至今将近有三千多年，金字塔的形态似乎没有任何力量把它改变过。金字塔也足够抽象，其竖向轴线和水平轴线组成了完美的直角坐标系，竖向轴线把人们引向天空，水平轴线形成体块，成为宏伟的标志。达到了一个世界早期文明无法企及的高度，被尊为人类历史上第一个完整的建筑符号系统。

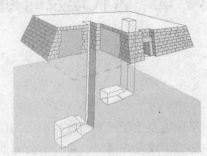

图 7-1　玛斯塔巴（资料来源：《中外建筑
　　　　史》，娄宇，2010）

图 7-2　玛斯塔巴内部构造（资料来源：《外
　　　　国建筑史实例集①》，王英健，2006）

　　早期金字塔是位于萨卡拉的昭赛尔金字塔，建于公元前 3000 年，为六层阶梯式，高约 60m，基底东西长 125m，南北长 109m，第一座是用打磨加工后的方石建造的金字塔，如图 7-3 所示。距昭赛尔金字塔不远处的达舒尔有一座两折式金字塔，高约 102m，塔身由于倾斜度的不同从中部被分成两部分，下部倾斜成 43°，上部坡度突然陡增成 54°，形成折线形，是向真正的金字塔形式发展的重要过渡。古埃及最伟大的金字塔是为第四王朝的三位皇帝建造的三座相邻的大金字塔——胡夫金字塔、哈夫拉金字塔、孟卡拉金字塔，这三座金字塔都是精确的正棱锥，建于距离埃及首都开罗不远处的吉萨，被统称为吉萨金字塔群。

图 7-3　昭赛尔金字塔（资料来源：《中外建筑史》，娄宇，2010）

　　尽管埃及的金字塔世界闻名，但对欧洲建筑影响最多的还是埃及的神庙建筑。常常被人们称为"来世的住宅"。在埃及，神庙是人与神沟通交流的场所，所以神庙的造型布局既要符合日常的礼拜仪式，又要满足定期宗教活动的需要。早期的神庙形制简单，直到中王国时期才基本定型，其布局轴线对称，沿纵轴线依次布置着高大的牌楼门、柱廊围绕的院落、多柱式大殿以及一连串的密室。从柱廊到密室，建筑物一进比一进封闭，屋顶越往里越低，地面却慢慢升高，侧墙也逐渐内收，内部空间因而越来越阴暗、矮小，气氛极其威严神秘。如卡纳克的月亮神庙和太阳神庙。神庙前大路上常有两侧排布着羊首狮身像的神道，以及纪念太阳神的方尖碑。方尖碑顶部是金字塔形的包金尖顶，断面呈正方形，上小下大，用一整块花岗石制成，高宽比约为 10∶1，碑身高挑，其上刻有象形文字等装饰图案。神庙中的柱子粗大，样式也很多，常见的有莲花束茎柱式、纸草束茎柱式以及纸草盛放柱式。如图 7-4 ~ 图 7-7 所示。

图 7-4　卡纳克的月亮神庙（资料来源：《外国建筑史实例集①》，王英健，2006）

图 7-5　卢克索神庙前的神道（资料来源：《外国建筑史实例集①》，王英健，2006）

图 7-6　方尖碑（资料来源：《中外建筑史》，章曲，李强，2009）

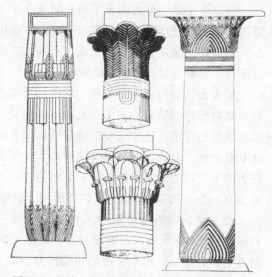

图 7-7　卡纳克的太阳神庙内的纸草花柱头与柱身（资料来源：《外国建筑史实例集①》，王英健，2006）

　　标志性建筑：吉萨金字塔群。在埃及的神话故事中，有一个名叫奥雪里斯的不死之神，传说他曾是一名勇士，死后在妻子的呼唤和祈祷下复活。古埃及人十分敬畏他，认为人的生死就如同植物在冬天枯萎，在春天发芽一样，死后可以在另一个世界里复活。所以需要建造能永恒长存的陵墓来存放尸体，以便埃及人死后能顺利获得永生，于是雄伟、不朽的金字塔陵墓便出现了。

　　留存至今的埃及金字塔中最为著名的是开罗近郊的吉萨金字塔群，建于古王国的第四王朝，主要由胡夫金字塔、哈夫拉金字塔、孟卡拉金字塔和一尊狮身人面像组成。三座金字塔均为正棱锥，由黄褐色的石灰石块砌筑，并用白色石灰石板镶面，地上四面对应于东南西北四个正向方位，互以底面对角线相接，并与尼罗河河岸平行建造，一字排列，形成一道人造山脉，与尼罗河三角洲的风光十分协调，大漠孤烟，长河落日，极为壮观，如图7-8 所示。

图 7-8　吉萨金字塔群（资料来源：《中外建筑史》，娄宇，2010）

　　三座金字塔中最大的金字塔是胡夫金字塔，这座金字塔是第四王朝法老胡夫的陵墓。塔高 146.4m，地面边长为 230.6m，占地面积 5.3hm，用 230 多万块长 6m，宽 2m，重达 2.5t 的石块不施灰浆而叠砌而成。石面加工平整，接缝咬合紧密，塔身历经五千多年仍屹立不毁，堪称奇迹。如图 7-9 所示。

　　胡夫金字塔内有三个墓室，均由长甬道与北面入口相连，主墓室位于金字塔中央，是存放胡夫棺椁的地方，室中安放着用红色花岗岩琢造的王棺。墓壁上刻有亡灵书和为胡夫歌功颂德的浮雕，在主墓室的南北两面墙上各开有一个通气孔，向上导入天空，对准天龙座和猎户座，是为法老的灵魂飞升入天堂所留的通道，顶部还架叠有为减轻金字塔对墓室压力的大花岗岩。"法老墓室"下面为"王后墓室"，但这里并没有任何棺椁。地下 30m 处还有一个"假墓室"，为了防盗所用，里面存放着各种殉葬物品。

　　哈夫拉金字塔前的狮身人面像是古埃及最大的纪念性雕刻，整座雕像高 22m，长 57m，由一块巨型石灰石雕刻而成。狮身人面像以希腊神话中长有翅膀的半人半狮的女怪斯芬克斯为原型，用哈夫拉的相貌作为面部，并佩戴上法老的头巾和蛇的标志，威严地挺卧在金字塔前，象征着古代法老王的智慧和力量。如图 7-10 所示。

图 7-9　胡夫金字塔（资料来源：《外国建筑史实例集①》，王英健，2006）

图 7-10　狮身人面像（资料来源：《外国建筑史实例集①》，王英健，2006）

§7.2　古埃及的音乐艺术

在古埃及文明出现之初，音乐就在古埃及人的日常生活中扮演着重要的角色。在古埃及遗存的浮雕、壁画和各种陶器图案上，就详细地记录了当时热闹而丰富的音乐表演盛况，虽然这些图示上的乐器、乐曲的演奏方法和曲谱并没有被留存下来，却能使我们从中窥见古埃及音乐的繁荣昌盛。

早在公元前 2600 年即古王国时期（公元前 2700—公元前 2100 年）的墓穴石壁的雕刻上，就出现了音乐演奏者的行列，在石雕中，男女乐手正拿着竖琴和笛类的乐器，为牧师在祭祀仪典中的吟颂或舞蹈进行伴奏，可见古埃及文明初期的音乐活动主要是以宗教活动作为表现形式的。在中王国时期（公元前 2100—公元前 1500 年）的绘画中出现了类似于拨浪鼓的叉铃和圆柱形鼓等新乐器，这些乐器的形制比古王国时期更加精巧，乐队的规模也更加庞大，在这一时期的墓葬遗迹中还出土了一些演奏者的雕像，这些雕像拿着各式各样的乐器作为陪葬品放置在墓室中，为墓主进行弹唱表演。新王国时期（公元前 1500—公元前 1000 年）是古埃及音乐文化发展的黄金时代，由于文化艺术的繁荣发展，埃及乐器的种类也变得日益复杂，在壁画中出现了当时的一些新式乐器，比如九弦竖琴、里尔琴和类似于诗琴的弹拨乐器，大多由女人进行演奏。此时的音乐除了为宗教活动服务之外，还出现在了节日宴会和葬礼上，以及其他的社会活动中，甚至有专门的乐团和舞者在一些大城市的广场上为公众进行集体演出，这些音乐俨然成为了飨宴的娱乐品，许多王公贵族专门在家里蓄养了知悉音律的童男童女，以供娱乐所用。在一些壁画中还出现了类似于指挥家式的人物，他们通过手势指挥着一群音乐演奏者进行演出。后期（公元前 1500—公元前 336 年），古埃及受到了其他民族的入侵，音乐也在战争不断的情况下停滞不前。

7.2.1 关联音乐：金字塔（马歇尔·克鲁切）

关联音乐：金字塔是美国作曲家兼吉他演奏家马歇尔·克鲁切的作品。《埃及组曲》是他创作的一部结构严谨的乐曲，该乐曲充分考虑到体量和动态的对比以及对埃及金字塔群形成空间的描绘。如表 7-1 所示。

表 7-1

时间	乐段	详　解
00：00	引子	简单的三个音不断的反复，运用增四度的音程来表现一种诡异、神秘的感觉。
00：13	第一主题	第一吉他与第二吉他交替的演奏，表现的是驼队穿越伟大的金字塔，利用驼队的行进步伐描绘出金字塔的空间感觉。
00：54	第二主题	一个吉他持续地演奏颤音，另一个吉他则演奏单音旋律，两个旋律同时进行，更像是对行进中驼队的描绘。
01：49	第二段出现	截取了第一主题的部分片段和第二主题的主要旋律，将两种不同的情绪交织在一起，仿佛身处金字塔内部，神秘莫测。
02：37	尾声	延续了前面两个主题的基本特点，音乐结束在神秘莫测的感觉中。

7.2.2 关联音乐：埃及神秘的土地（凯特尔比）

凯特尔比擅长取材东方及异国情调的曲子。无论欧洲、中东、远东、甚至非洲，都是他取材的地方。这些民族风情浓厚的曲子，正是凯特尔比的代表作。凯特尔比的作品亦常被当做无声电影的背景音乐。但是除此之外，凯特尔比仍然有大量的沙龙音乐。乐曲《埃及神秘的土地》如表 7-2 所示。

表 7-2

时间	乐段	详　解
00：00	第一主题	第一主题由带有异域风格的旋律开始，开头是管乐和弦乐的低声部合奏的类似步伐感的音型，充满动力，同时还有一种诙谐的情绪。
01：08	第二主题	第二主题与第一主题形成鲜明的对比，旋律线条更宽，情绪变得延绵温婉，有一种很阳光、很辉煌的感觉。
02：06	过渡句	过渡句采用了第一主题的基本内容，简短的过渡之后转到第二主题的高潮部分，将音乐推向第一个高潮。
03：16	返回第一主题	重复第一主题。
04：01	合唱队加入	合唱队加入，演唱第二主题的高潮部分，音乐整体的情绪得到进一步提升，无论是音响效果、音乐力度还是整体基调，都被合唱推向了最高点。辉煌，充满阳光。
05：04	尾声	音乐最终在相对平静的情绪中结束。

第8章 古希腊古罗马时期(公元前3200—公元400年)

§8.1 古希腊时期

8.1.1 古希腊的建筑艺术

古希腊的地理位置比现在的希腊要广泛许多,除了包括巴尔干半岛、爱琴海诸岛屿之外,还包括小亚细亚西部沿海地带以及东至黑海沿岸、西至西西里岛的广大地区。这些地区宜人的亚热带气候,非常适合人们进行各种户外公共活动,因此古希腊人的大多数活动都在室外进行,产生了运动场、剧场、敞廊等各类供贵族阶级和自由民进行公众活动的建筑。古希腊众多的山地为建筑提供了优质的石材——大理石,这些大理石色彩鲜艳、质地优良,非常适合建筑细部的雕刻和装饰,形成建筑物坚挺的轮廓。这些得天独厚的地理、气候和地质条件为古希腊建筑艺术的发展提供了有利条件。

古希腊文化以"爱琴文化"为开端,即克里特与迈西尼文化。从公元前26世纪至公元前11世纪的"爱琴文明阶段",被称为古希腊文明萌芽时期,也是古希腊文化的前期,这时的建筑布局、上粗下细的柱式、色泽艳丽的壁画、精致的金属构件以及高超的石砌技术,被后来发展的古希腊建筑所继承。克里特岛上的克诺索斯王宫和迈西尼城的狮子门是这一阶段特征性的建筑作品。如图8-1、图8-2所示。

图8-1 克诺索斯王宫遗址 (资料来源:《中外建筑史》,娄宇,2010)

图 8-2　迈西尼城的狮子门（资料来源：《外国建筑史实例集①》，王英健，2006）

　　公元前 15 世纪，由于多利亚人的入侵，爱琴文明开始衰落。

　　公元前 11 世纪，希腊半岛上出现了许多奴隶制城邦，这些城邦由于在文化信仰、语言文字上基本一致，从而形成了统一的"希腊"民族。古希腊历史的第二个阶段——"普化阶段"也自此开始。这个阶段从公元前 11 世纪开始，直到公元前 1 世纪为止，又被分为了四个时期，即荷马文化时期（公元前 11 世纪至公元前 8 世纪）、古风文化时期（公元前 8 世纪至公元前 5 世纪）、古典文化时期（公元前 5 世纪至公元前 4 世纪）以及希腊文化时期（公元前 4 世纪至公元前 1 世纪）。这一阶段希腊的城市建设得到了充分的发展，建筑类型也丰富了许多。荷马文化时期出现了以砖石砌筑的祭祀神庙，但是由于时间的久远，其建筑均已无存。古风文化时期和古典文化时期产生了大量的露天剧场、竞技场、广场和其他功能类型的公共性建筑。此时古希腊的建筑开始形成自己的独特体系，创造了规范的"希腊三柱式"，确立了围廊式的神庙建筑形制，并在雅典卫城建筑群中得到完美体现，如图 8-3 所示。这一时期的建筑形式对后来出现的复古主义建筑思潮产生了很大影响。西方建筑的源头直接来自于古希腊辉煌灿烂的建筑艺术。古希腊人创造的三种柱式至今仍被看做是西方建筑的本质特征。

　　古希腊在建筑中取得的成就主要表现在创造了多利克、爱奥尼、科林斯这三种优美的希腊柱式。人文主义是古希腊文化的核心，雅典哲学家普罗塔格拉认为"人是万物的尺度"，因此希腊柱式的规程中也包含了人体的比例。多利克柱式和爱奥尼柱式各部分构造的比例就是按照男子和女子的身体比例来确定的。多利克柱式用粗壮雄伟的造型，体现男性的阳刚之美；爱奥尼柱式以修长端丽的曲线，象征女性的轻柔之美。三种柱式中最为华丽的是科林斯柱式，这种柱式是爱奥尼柱式的变体，在柱头上用雕刻的卷草强调了装饰效果，代表着少女的华贵之美。另外还有代替多利克柱式和爱奥尼柱式的"人像柱"，直接将人体雕像用于建筑装饰。由于建筑性格不同，古希腊的三种柱式常被用来表现不同的建筑主题，如帕特农神庙由于型制隆重，使用了庄严的多立克柱式；雅典娜胜利神庙由于典

图 8-3　古希腊三种柱式图解（资料来源：《中外建筑史》，娄宇，2010）

雅小巧，使用了精致的爱奥尼柱式。如图 8-4～图 8-6 所示。

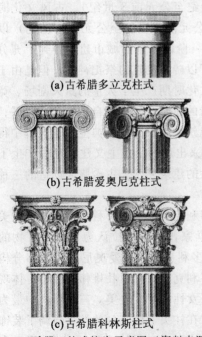

(a)古希腊多立克柱式

(b)古希腊爱奥尼克柱式

(c)古希腊科林斯柱式

图 8-4　希腊三柱式柱头示意图（资料来源：
《中外建筑史》，章曲，李强，2009）

图 8-5　伊瑞克先神庙上的人像柱（资料来源：《外
国建筑史实例集①》，王英健，2006）

图 8-6　胜利神庙（资料来源：《外国建筑史实例集①》，王英健，2006）

　　古希腊的雕塑在西方传统美学中占有十分重要的地位，西方艺术中严谨的创作风格，可以说深深受到了古希腊雕塑的影响。人体雕塑是古希腊雕塑的主体，希腊建筑是大型雕塑，往往建筑柱子都是雕塑，以展现人的肌肉的强健和冥界的力量，希腊人喜爱把自然的属性人格化并与神联系起来，"神无所不在"。希腊人把控制自然的地点献给得墨忒耳（Demeter）和赫拉之神，而把在那些和人类智慧和力量联系的地方，则献给阿波罗之神。一些表现生命比较和谐的场所，献给宙斯之神：而在另一些场所，人类的聚落，就献给了雅典娜之神。

　　这种雕塑性的形体，就成为自然环境、人和神的作用结果。

　　1. 标志性建筑：埃比道拉斯剧场

　　古希腊地区气候宜人，长期无雨，非常适合露天剧场的表演，因此古希腊建有许多露天剧场，其设计具有很高的建筑成就。如图 8-7 所示，建于古典晚期的埃比道拉斯剧场是古希腊最著名的剧场之一。

图 8-7　埃比道拉斯剧场（资料来源：《外国建筑史实例集①》，王英健，2006）

埃比道拉斯剧场位于迈锡尼城南面，设计师是著名雕刻家波利克莱托斯的儿子小波利克莱托斯。剧场演唱区是一块直径为 20.4m 的圆形平地，平地周围用一条排水明沟将其与观众坐席分开，平地后面是一座两层楼高的柱廊建筑，舞台就设在一、二层之间。扇形看台依山而建面向舞台，55 排大理石座椅随山势逐排升高，最高处直径达 120m，可以同时容纳 1.2 万人观看演出。表演的演员位于一个碗状空间的剧场中，体现出富有雕塑感的造型。埃比道拉斯剧场的音响效果也很好，设计师在座椅下的一定距离处放置空瓮用来增加声音的共鸣，使得坐在最后一排的观众也能清楚地听到平台上发出的细微响声。

埃比道拉斯剧场的交通流线十分合理，设计师将 13 条放射状的台阶走道纵向设置在看台上，使观众可以方便地自由进出，并在看台中部沿半圆形坐席设置了一条横向走道，方便人流的横向通行。这种交通流线设计在今天的观演建筑中也被应用。

2. 标志性建筑：雅典卫城

雅典卫城位于雅典城西南一处陡峭的石灰岩山冈上，是为了防止外敌入侵而修建的防御性工事，后来由于战事平息，卫城失去了防卫意义，于是人们纷纷搬离此处，并在此修建庙宇形成卫城建筑群，雅典卫城便成为了宗教活动的中心。每当宗教节日或是国家庆典时，人们就会沿着西面通道列队上山进行祭祀活动。如图 8-8 所示。

图 8-8　雅典卫城遗址（资料来源：《外国建筑史实例集①》，王英健，2006）

雅典卫城上的建筑物均错落有致的分布在山顶一块略为平坦的菱形空地上，与周围的自然环境互相融合，并自由地按照祭祀过程中游行队伍的动态观赏条件进行布局，将建筑群布置在空地周边，使队伍在行进中的任何一个路段都能观赏到卫城建筑群的优美景观。

雅典卫城的中心是希腊神话中雅典城的守护神雅典娜·帕特农手执长矛的塑像，塑像高达 11m，由青铜铸造，是雕刻家菲狄亚斯的作品。其他主要建筑物分别为位于西边的卫城入口——山门、紧邻山门的胜利神庙、靠近南边的帕特农神庙以及处于北边的伊瑞克先神庙。帕特农神庙是其中最著名的建筑。

帕特农神庙在古希腊语中被称为"处女宫"，是供奉女神雅典娜的神庙，设计者为伊克梯诺和卡里克拉特，内部雕刻由菲迪亚斯创作。建筑除屋顶外，全部由白色大理石建造，立于三级台阶之上，平面长方形，型制为希腊神庙中最典型的列柱围廊式。正面向

东，东西两侧山墙各有 8 根石柱，其上有三角形山花，南北两侧各有 17 根石柱，外围的
所有石柱均为多利克柱式，被认为是这种柱式的典范。内殿被横墙分隔为圣堂和方厅两部
分，前部均设 6 根多利克柱式构成内门廊。圣堂位于内殿东面，内有三面列柱回廊，为了
扩大圣堂的内部空间，反衬出供奉于中央的雅典娜神像的高大，列柱的型制采用双层叠柱
式。方厅位于内殿西面，是存放国家财务和档案的地方，内有四根爱奥尼柱。在帕特农神
庙的整个设计中，建筑师还充分考虑到了人的视觉特点，运用了角柱加粗、柱子收分、柱
子内倾、间距处理等视差矫正手法，赋予了神庙最佳的视觉效果，如图 8-9 所示。

图 8-9　帕特农神庙（资料来源：《中外建筑史》，娄宇，2010）

8.1.2　古希腊的音乐艺术

与建筑一样，音乐也是古希腊文化中一个十分重要的组成部分，可以说欧洲最早的
音乐文化中心就是古希腊。古希腊人认为音乐是"真"、"善"、"美"的体现，音乐是
人与神之间相互沟通的媒介，音乐能调动人的情绪，净化人的心灵，影响人的道德，
因此在古希腊人的社会生活中，音乐占据着十分重要的地位，几乎成为了古希腊人每
日的必修课，那些不懂音乐的人会被认为是一种耻辱。在各种宗教和社会活动中，音
乐都必不可少。

古希腊的音乐技术与理论十分发达。公元前 500 年，当时的古希腊哲学家、数学家、
音乐理论家毕达哥拉斯曾经到埃及学习音乐，创立了"天体音乐"的概念，他认为音乐
和数学有着不可分割的关系，数字是理解音乐和宇宙本质的媒介，音乐同宇宙天体一样，
只有在完美的数学规则的控制下才能显示出和谐。毕达哥拉斯对音乐和数学的相互关系进
行了研究，他对弦琴上不同弦的长度进行计算，从中发现了音程的数学规律，树立了音
阶、全音和半音的概念。他还将弦长比为 3∶2 时发出的纯五度的音程作为生律要素，从

基音开始，每次向上推一个纯五度产生一律，形成音阶的"五度相生律"规则，可以说是音乐理论上的重大突破。此外，古希腊人还发明了用字母记录音高的记谱法，为后世音乐作品的文本流传提供了基础。

古希腊人相信神的存在，认为世间万物都有专门的神来管理，而音乐就是神的语言，所以在希腊的神话和传说中有许多与音乐有关的小故事，例如阿波罗的儿子俄耳浦斯，用他那非凡的七弦琴的琴声，制服了守护金羊毛的巨龙，得到了金羊毛，还打动了地府的冥王，释放了地狱中的妻子；底比斯国王安菲翁弹奏缪斯女神送的古琴建起了底比斯的城墙；还有盲人歌手塔密里斯失去歌喉以及赫尔墨创造里拉琴的故事。就连音乐（Music 或 Musik）这一名词都是由掌管音乐的太阳神阿波罗管辖的九位女神（主司艺术与科学的女神）的共称缪斯（Muse）改变而来的。基于音乐和神的这种关系，古希腊的各种宗教活动都与音乐密切相关，并出现了赞颂神灵的赞美歌。

古希腊的音乐常常与诗歌和戏剧结合在一起，如荷马时代由盲人音乐家荷马即兴创作的两部弹唱风格的史诗《伊利来特》和《奥德赛》，就是将叙事诗歌和音乐短歌相结合形成的音乐作品，作品反映了荷马时代古希腊人民生气勃勃的社会生活，采用半说半唱宣叙调，并用里拉琴进行伴奏。公元前 5 世纪产生的悲剧也是一种将诗歌、戏剧、音乐结合起来的综合性艺术形式，其中还加入了舞蹈。这是古希腊时期最重要的艺术体裁，其取材大多来自于神话传说和荷马史诗，讲述人与神之间的故事或是反映现实生活中的社会矛盾冲突。在演出中，合唱队队员穿着剧情规定的服饰，载歌载舞地进行表演，剧中的对话和吟诵会用简朴含蓄的音乐伴奏或用歌唱的形式表达出来，悲剧的情节和思想内容也会通过音乐的形式来表现。产生于 16 世纪末的意大利歌剧就是由这种音乐戏剧形式转化而来的。埃斯库罗斯的《被幽囚的普罗米修斯》、索福克勒斯的《俄狄浦斯王》和欧里庇德斯的《伊斐姬妮在陶里德》是古希腊悲剧的优秀作品。与此相对应，起源于民间滑稽戏的喜剧同样是舞蹈、诗歌与音乐的结合体，这类文艺作品常用诙谐、戏谑、讽刺性的歌词、轻快的音乐和夸张的表演来制造笑料，借此揭露出不合理的社会现象，暴露政治的黑暗。阿里斯托芬的《阿卡奈人》是现存最早的希腊喜剧。此外，古希腊还有宗教颂歌、独唱抒情曲等多种形式的音乐体裁。

古希腊的乐器主要是管乐器和弦乐器，代表乐器有阿夫洛斯管和基萨拉琴。阿夫洛斯管是从东方引入的一种簧片吹奏乐器，这种乐器由两只管组合而成，每只管上有音孔 3～6 个，吹奏方式与现今的双簧管类似。由于声音尖厉，穿透性强，所以这种乐器常用来为婚礼、葬礼、列队、阅兵等活动伴奏。基萨拉琴是三角竖琴的一种变体，外形与里拉琴相似，但琴弦较多，有 7～11 根，演奏时左手抱琴，右手与左手同时拨击琴弦发声，可以用于乐舞表演，也可以为歌颂英雄的赞歌伴奏或独奏。

关联音乐：雅典的废墟序曲（贝多芬）。德国剧作家柯策布根据公元 3 世纪雅典被毁的历史事件创作的《雅典的废墟》，邀请贝多芬为之配乐。该剧故事为：由于触怒众神之王宙斯，被罚长睡 2000 年的艺术女神米娜娃醒来时，雅典因在土耳其控制下已化成废墟，于是悲痛万分。这时，时辰之神马格利建议她到其他民族去寻找新家，并告诉她，布达佩斯刚新建一座艺术殿堂。然后米娜娃与马格利一起来到布达佩斯，最后以艺术女神在弗朗兹国王的胸像上戴上月桂树而结束。雅典的废墟序曲简介如表 8-1 所示。

表 8-1

时间	乐段	详　解
00：00	引子	引子用不协和音程开始，旋律忧郁，略带着一些悲伤落寞的感觉，表现了雅典被毁之后一片苍凉破败的景象。
00：52	主题呈示	主题由双簧管的独奏进入，双簧管的音色带有鼻音似的芦片声，善于演奏徐缓如歌的曲调，这里也一样。舒缓的旋律让人有一种在回忆和联想的感觉，仿佛是在回想着雅典曾经的和谐景象。而随着音乐情绪的不断进行，弦乐和管乐相继加入，将音乐的情绪推高，表现了雅典的繁荣兴旺。
02：02	第二段	第二段基本延续了主题的情绪，不过在主题的基础上有所发展，在调式调性上与主题有一定的区别，音乐色彩有所变化，就好像是从另一个角度在看雅典城，有不同的感受。
03：40	主题再现	再现段引用了主题中情绪最高昂的部分，并在这种情绪下将音乐进行到最后。

§8.2　古罗马时期

8.2.1　古罗马的建筑艺术

古罗马原是意大利半岛的一个小王国，经过不断的征战和发展，国力日益强盛，成为续古希腊之后地中海沿岸崛起的又一大帝国。古罗马继承了古希腊在文化、艺术领域的辉煌成就，并结合了意大利本土早期伊特鲁里亚文化的传统特色，创造出具有自己独特风格的建筑形式。古罗马的地理范围横跨欧、亚、非三大洲，包括今天的意大利半岛、希腊半岛、小亚细亚、西班牙、法国、英国、亚洲的西部和非洲北部等广大地区。意大利半岛三面环海，气候润泽凉爽、草木众多，适宜栽种各种谷物和水果。就地质条件而言，由于意大利半岛位于欧亚大陆和非洲大陆板块的挤压带上，活火山较多，所以古罗马除了有许多可以用做建筑材料的大理石、陶土、砖料、砂子及小卵石外，还盛产可以作为胶凝材料的活性火山灰，这种火山灰加入石灰、砾石和水混合凝结后可以形成坚固不透水的天然混凝土，这种天然混凝土取代了建筑工程中常用的石料，缩短了施工速度，提高了建筑质量，为古罗马的建筑技术革命奠定了重要基础，为建造体量轻、跨度大的建筑提供了条件，极大地促进了拱券结构的发展。当然，天然混凝土也有其不足，即在视觉上略显粗糙生硬，于是古罗马人又发展了建筑装饰技术，在混凝土表面贴上大理石板，使建筑物产生富丽堂皇的效果。

古罗马的发展历史可以划分为三个阶段，伊特鲁里亚时期（公元前 8 世纪—公元前 2 世纪），这一时期的罗马文化一直受到意大利半岛中部的伊特鲁里亚王国文化的哺育，伊特鲁里亚人在石作工艺和拱券结构上的成就，为古罗马拱券技术的发展奠定了基础。罗马共和国兴盛时期（公元前 2 世纪—公元前 30 年），由于恺撒大帝征服了希腊，罗马的建筑文化开始受到希腊建筑秀美的视觉和精细风格的强烈影响，进而在希腊柱式的基础上发展了罗马五柱式，并开始进行大规模的城市建设，同时还兴建了许多公共性建筑，如供统治阶级消遣娱乐的剧场、竞技场、浴场等，如图 8-10 ~ 图 8-12 所示。罗马帝国时期（公元前 30—公元 476 年），罗马共和执政官屋大维确立君主专制政策，形成大罗马帝国。这一时期的建筑艺术最为兴盛，可以从中看出罗马人对空间的控制欲望和理念。他们依赖先进的工程技术，修建路网，高架渠，将外部空间相对缩小。为了彰显帝国的权利和财富，帝国兴建了许多纪念性建筑，如赞颂帝王功德的记功柱、纪念战争胜利的凯旋门以及用皇帝名字命名的广场和神庙。同时，剧场、竞技场、浴场等公共娱乐建筑的规模和形制也比过去更加宏大华丽。此外，由于城市的不断兴建和扩建，还出现了许多不同的城市类型。公元 395 年，古罗马帝国被分裂成东西两个帝国，公元 476 年，西罗马帝国灭亡，古罗马时期也宣告结束。如图 8-13、图 8-14 所示。

图 8-10　古罗马角斗场遗址（资料来源：《外国建筑史实例集①》，王英健，2006）

图 8-11　卡瑞卡拉浴场遗址（资料来源：《外国建筑史实例集①》，王英健，2006）

图 8-12　古罗马商贸中心遗址（资料来源：《中外建筑史》，章曲，李强，2009）

图 8-13　图拉真记功柱（资料来源：《外国建筑史实例集①》，王英健，2006）

　　古罗马大规模的建造活动，为混凝土的广泛应用积累了经验，而不同规模、不同类型建筑的产生，又极大地促进了拱券技术的发展。拱券是指以砖石等较小砌块作为主要材料，跨空砌筑在两个支撑物上，利用材料之间的相互挤压产生的侧压力而形成较大跨度的一种建筑承重构件。早在古埃及时期，拱券就已经出现了，但由于砖石材料在施工技术上的局限性，拱券的发展受到了限制，天然混凝土的产生为拱券提供了技术上的优势，解决了施工和材料上存在的问题，拱券从此大放异彩。在罗马人高水平的拱券施工技术下，建筑空间得以扩大，建筑类型得以丰富，各种复杂的建筑功能得以满足。可以说拱券结构是古罗马建筑最大的特色和成就。古罗马建筑师还发明了筒形拱、交叉拱和大穹隆顶，如世界上最大的穹顶建筑罗马万神庙的穹顶就是用混凝土浇筑而成。

图 8-14　古罗马城遗址（资料来源：《中外建筑史》，娄宇，2010）

　　古罗马建筑领域的另一个成就是对于柱式的运用，在古希腊三种古典柱式的基础上，古罗马人发展了建筑五柱式，即多利克柱式、爱奥尼柱式、科林斯柱式、塔司干柱式和混合柱式。其中多利克柱式、爱奥尼柱式、科林斯柱式是沿袭希腊柱式而来，但在细部造型以及比例尺寸上有一些不同。塔司干柱式是在多利克柱式的基础上简化创造出来的，其形制朴素而稳重。混合柱式是爱奥尼柱式和科林斯柱式的混合体，既包含了爱奥尼的涡卷又有科林斯的卷草。同时，由于古罗马的建筑将柱式与拱券结合，以混凝土拱券结构作为承重结构构件，这样可以获得巨大的建筑空间，是对希腊柱式的一个极大发展。

　　古罗马时期的建筑艺术中不得不提的还有《建筑十书》，这部巨著由恺撒与奥古斯都两代统治者的建筑师和工程师——马休斯·维特鲁威·波利奥撰写，书中涉及城市规划、建筑工程、市政工程、建筑技术、建筑教育、建筑原理等各个方面，是欧洲现存最古老的建筑学理论综合著作，直到如今仍对全世界的建筑理论有着重要的影响。

标志性建筑：罗马万神庙

　　罗马万神庙又名潘提翁神庙，初建于公元前 27 年，是奥古斯都的女婿阿格里巴为祭祀"所有的神"而建的长方形庙堂，之后毁于火灾，于公元 120 年，由当时在位的阿德良皇帝重建成巨大的半球形穹顶覆盖的圆形神庙。除穹隆外，神庙的平面也是圆形的，其直径与球顶距地面的高度相同，均为 43.43m。神庙的外部仅以墙体包裹住穹顶底部，用白色大理石板作为装饰，造型十分简洁，如图 8-15 所示。罗马万神庙以半圆形穹隆象征天宇，以纵、竖向两条轴线象征天地的法则，竖向轴线通向天空，纵向轴线则由外部世俗生活引向精神世界。神庙的内部空间十分华美绚丽，为了减轻自重，神庙内部圆形墙面沿圆周开凿了 7 个神龛，龛内放置着星座之神的神像，神像两旁由科林斯柱装饰，龛上有暗券承重。圆形墙面与穹顶之间有一小段过渡性墙体，用壁柱和装饰板在实墙面上分隔出了 8 个虚实空间，减轻了混凝土墙体所带来的厚重感。神庙上部的半球形穹顶也是用混凝土浇筑而成，并沿穹顶内表面，按照下大上小、下深上浅，有规律地凿刻出方格形藻井，与下面的圆形墙面形成连续构图，加强了空间的整体感。穹顶正中开有一直径为 8.9m 的圆形采光口，一束上帝之光从洞口射入大殿，产生出神圣的宗教气氛和温暖。如图 8-16、图 8-17 所示。

图 8-15　罗马万神庙（资料来源：《中外建筑史》，娄宇，2010）

图 8-16　万神庙中央圆形采光口（资料来源：《外国建筑史实例集①》，王英健，2006）

图 8-17　罗马万神庙内部（资料来源：《中外建筑史》，娄宇，2010）

公元 202 年，当时在位的卡瑞卡拉皇帝在圆形神庙前又重建了作为入口的矩形门廊，门廊尺度巨大，为希腊庙宇形制，正面由 8 根科林斯柱和三角形山花组成。于是罗马万神庙就形成了如今这种集古罗马的穹窿和古希腊的柱式为一体的建筑形式。

8.2.2　古罗马的音乐艺术

古罗马的音乐同其他文化艺术一起继承了古希腊的辉煌成就，但古罗马的音乐并没有像古罗马的建筑一样，结合意大利本土的文化传统，创造出独有的古罗马风格，而仅仅是沿用或者模仿古希腊的音乐文化，很少有创新性的发展。直到公元 1 世纪，基督教的传入，罗马音乐才开始发展起来，并同古希腊音乐遗产一起流传到中世纪。

古罗马的乐器除了沿袭古希腊的乐器之外，还通过战争和通商的方式，引入了扯铃、框鼓和脚踏式响板等埃及和中东地区的民族乐器。由于古罗马人十分好战，所以他们依照伊特鲁利亚人的乐器模式，开发出了专门应用在军歌和战争中，以示报警、拔营、冲击或撤退信号的铜管乐器，其中最著名的是叫做"可尔纽"的圆号，类似于当今的法国号，号嘴呈漏斗状，管身为铜制圆形，喇叭口很大，演奏时需将其放置在肩膀上。古罗马最重要的乐器是公元前 3 世纪伊特鲁里亚时期发明的水压琴，这是一种依靠水压控制风箱发声的风琴，广泛流行于罗马贵族士绅们的娱乐生活中，是现代教堂管风琴的原型。

音乐在罗马人的生活中扮演着十分重要的角色，统治阶级利用音乐鼓舞士气，贵族阶级利用音乐炫耀权势，平民百姓利用音乐休闲减压，教会还利用音乐驱魔镇妖，贵族阶级中甚至存在着伴随古希腊抒情音乐进餐的时髦风气。由于古罗马音乐活动普及，出现了职业性的音乐家，一些著名的职业性音乐家由皇室专门供养，他们的演出规模都很庞大，大型合唱团和乐队的总人数多时可达上千人，他们还能进行全国巡演，被人们追捧为偶像。

关联音乐：罗马的节日：第一乐章　斗兽场（莱斯比基）

"罗马的节日"是罗马三部曲的第三部，完成于 1928 年。在意大利的首演是由罗马圣西西里亚乐团完成。这部作品描述了四个不同历史时期：古代、中世纪、文艺复兴时期和现代的印象。第一乐章是"斗兽场"，描绘了古罗马暴君尼禄统治时期，斗兽场上的情景。如表 8-2 所示。

表 8-2

时间	乐段	详　解
00：00	主题	主题包括两个部分，一个是由弦乐组齐奏的带有强烈斗争情绪的"悲剧主题"，另一个是由小号奏出的嘹亮的"号角主题"。第一主题大量运用不协和音程来表现斗争情绪，反映斗兽场上的紧张与残酷，第二主题则用号角般的音型表现胜利。
01：27	出现步伐音型	由铜管组中低音区的乐器断奏出的类似步伐感的音型。
01：56	弦乐进入	延续之前铜管组的旋律，一开始十分缓慢，之后逐渐加密了音型和节奏，情绪不断的紧张起来，同时，铜管组伴随着奏出断断续续的不规则节奏，与弦乐的主旋律交织在一起，描绘了斗兽场上激烈角逐的场面。

时间	乐段	详　解
03：39	号角声	在一段激烈的斗争中，突然响起了"号角主题"，预示着争斗即将以某一方的胜利而结束。
03：56	结束	在之前斗争的旋律基础上进一步加快了音乐进行的节奏与速度，同时旋律不断上行，将情绪推到最高，最后在低沉缓慢的铜管乐器的齐奏中结束。

第 9 章　中世纪时期（公元 450—1450 年）

§9.1　中世纪的建筑艺术

所谓"中世纪"是指从罗马帝国衰落到修道院和哥特式大教堂兴起的这一欧洲封建时期，中世纪起始于公元 5 世纪末，终止于公元 15 世纪初，历经千年，夹杂在古希腊罗马与文艺复兴这两个人类文明的黄金时代之间。由于受到战争的不断侵扰，这一历史阶段也被文艺复兴时期的学者视为"欧洲的黑暗年代"。

公元 395 年，辉煌一时的古罗马帝国由于经济衰退、首都东迁而以意大利为界分裂成了东、西两个帝国。东罗马帝国处于意大利以东，定都于黑海口上的拜占庭城，被之前的罗马皇帝君士坦丁命名为君士坦丁堡，直到 1453 年被土耳其人占领成为奥斯曼帝国的首都之前，这里一直都是欧洲文化的所在地。西罗马帝国包括意大利及其以西部分，首都定在拉文纳，因严重的经济衰退，公元 479 年被日耳曼民族灭亡。

东罗马帝国史称拜占庭帝国，按其历史发展可以分为前期（公元 4 世纪—公元 6 世纪）、中期（公元 7 世纪—公元 12 世纪）、后期（公元 13 世纪—公元 15 世纪）三个阶段。前期是拜占庭帝国的兴盛繁荣期，其版图几乎涵盖了旧罗马帝国的全部疆土，这一时期的建造活动频繁，以罗马城为样本建造了城墙、道路、宫殿、广场、蓄水池、输水管道等市政建筑及公共建筑，兴建了君士坦丁堡，并培养了一大批建筑师，修建了许多庞大而又华丽的教堂和纪念性建筑，其布局多属于以突出的中央大穹隆覆盖的巴西利卡式，如举世闻名的君士坦丁堡圣索菲亚大教堂就是以一个大穹隆为中心的。中期的拜占庭帝国由于外敌入侵而开始衰落，建筑规模和数量也相继减小，教堂建筑不再以大穹隆为主题，转而以若干小穹隆群取而代之，并在建筑空间和装饰上向高空及精细处发展。如这一时期修建的威尼斯圣马可教堂就具有 5 个外形高耸的穹隆和历年增建的华丽装修。同时，在拜占庭风格的影响下，俄罗斯、亚美尼亚、保加利亚、塞尔维亚和格鲁吉亚也开始出现具有自己民族特色的拜占庭建筑。如基辅俄罗斯公国的圣母教堂建筑虽仍属拜占庭体系，但其屋顶被高高的鼓座托起的金色穹隆已具有俄罗斯特色。后期的拜占庭帝国随着十字军的数次东征而渐趋灭亡，建筑艺术也随之衰败。如图 9-1、图 9-2 所示。

拜占庭建筑具有十分鲜明的特色，具有古希腊的柱式、古罗马的穹隆以及小亚细亚和埃及等东方艺术长期融合形成的一种独特建筑风格。教堂建筑是拜占庭风格中的典型代表，其形制包括平面为长方形的巴西利卡式或者平面带有十字翼并以圆形或八角形中央穹隆为中心的集中式。此外，帆拱技术也是拜占庭建筑的突出成就。帆拱是立方体空间和坐落其上的穹隆之间的过渡形式，其做法是在正方形平面的四边发券，在四个券之间砌以方形平面对角线为直径的穹顶，又在四个券的顶点上做水平切口，剩下的球面三角形部分就

图 9-1　圣马可教堂（资料来源:《中外
　　　　建筑史》，娄宇，2010）

图 9-2　圣母教堂（资料来源:《中外建
　　　　筑史》，章曲，李强，2009）

是帆拱。这种结构形式不仅使穹窿和方形平面的衔接自然，还能将荷载集中承载在柱墩上，这样便去除了厚重的墙壁，使建筑内外构图完整，被广泛运用于拜占庭的纪念性建筑中，如图 9-3 所示。

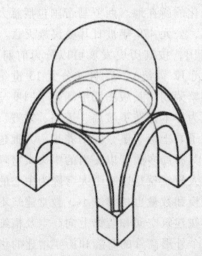

图 9-3　帆拱示意图（资料来源:潮流论坛-大话校园-外国建筑史部分）

　　当东罗马帝国繁荣昌盛之时，西罗马帝国灭亡之后的西欧却战乱不断，民不聊生，直到公元 9 世纪左右，西欧终于形成了法兰西、德意志、意大利、英格兰等十几个封建国家，开始了各自的经济、政治及民族文化方面的发展。所以西欧中世纪的文明史大致可以划分为三个阶段:早期基督教时期（公元 4 世纪—公元 10 世纪）、罗曼时期（公元 10 世纪—公元 12 世纪）、哥特时期（公元 12 世纪—公元 15 世纪）。基督教产生于公元 1 世纪，最初是秘密流传，直到公元 4 世纪初，罗马皇帝君士坦丁大帝颁布《米兰敕令》，宣布基督教为国教，基督教才取得合法地位，之后逐渐发展，产生了大量基督教建筑。

　　早期基督教时期建造的建筑主要是基督教堂，其形制是由古罗马的巴西利卡发展而来，常常由一个水平的纵向轴线引入到内部空间，平面除了典型的长方形外，还有圆形和多边形。基督教堂内部一般被纵向列柱划分成 3 ~ 5 个长廊，中间的长廊称为中厅，是其中最高最宽的，上部高差处开有侧窗用来通风采光，其内部装饰十分豪华，多以大理石和彩色马赛克玻璃镶嵌墙壁，但外部装饰简朴，仅刷灰浆或做砖贴面。如圣阿波利纳雷教堂，如图 9-4 所示。由于这些教堂对后世的基督教堂的建筑风格和形制有着重要的影响，所以这一时期被称为早期基督教时期。

图 9-4　圣阿波利纳雷教堂（资料来源：《外国建筑史实例集①》，王英健，2006）

罗曼时期除了建造基督教堂外，还建造了许多修道院、钟楼和城堡，这一时期的建筑继承了古罗马建筑的基本风格，墙体厚实，门窗洞口多用同心多层小圆券，使立面刚劲而不沉重，广泛采用古罗马的半圆形拱券结构，建筑材料也大多来自古罗马的建筑废墟，所以被称为罗马风建筑。这时，窗口宽度变小，窗户的比例变得狭长。间距减小，柱子变得细长，使教堂的内部空间造成了阴森、神秘的感觉。罗曼建筑为了平衡圆形拱顶的横推力创造了扶壁和肋骨拱，使竖向空间有了发展，这对后来哥特建筑的出现有很大影响，罗曼建筑还第一次将钟楼组合到了教堂建筑中，例如德国沃尔姆斯主教堂，如图 9-5 所示。

哥特时期，伴随着城市手工业生产和商业贸易的迅速发展，以手工业者和商人为主体的城市市民为摆脱封建统治、争取城市的独立自治而与封建领主展开了斗争，这次进步运动推动了封建城市的兴起，扩大了基督教的神权，促使法国和西欧的建筑进入到一个极富创造性的新时期。这一时期的建筑风格完全摆脱了古罗马的影响，古罗马时期的半圆拱、敦厚的墙壁和粗壮的柱子没有了，而以东方的尖券、尖形肋骨拱顶、大坡度的两坡屋面、钟楼、尖塔、束柱、飞扶壁等高耸的建筑造型以及色彩斑斓的银花窗等作为主要特色，可以说是罗曼建筑的进一步发展。"哥特"一词来自于欧洲早期日耳曼民族中一个叫"哥特"的野蛮部落，在欧洲文明中被认为是愚昧、无知的代名词，文艺复兴时期为了否定中世纪的建筑，而将这一时期的建筑风格称为"哥特建筑"。哥特建筑大多以教堂为主，平面属于拉丁十字式，入口处通常设有大面积的广场供群众集会使用。整座建筑由于使用了束柱、骨架券、十字拱、飞扶壁等结构，主体平衡了建筑向上的升力和重力，而几乎不用墙壁承重，门窗因而更加高大。彩色的玻璃窗加上半透明墙体，使教堂产生一种"连

图 9-5　德国沃尔姆斯主教堂（资料来源：《外国建筑史实例集①》，王英健，2006）

续的光"和"奇异的光"，营造了一种虚幻的、天堂般的光芒。哥特建筑的内部空间高耸而轻盈，尖尖的拱券和骨架券犹如从柱子上散射出来一样，充满向上的动感，中厅一般不宽，但纵深很长，层高也很高，一般都在30m以上。如1250年建成于巴黎城中岛上的巴黎圣母院，其中厅只有12.5m宽，却有127m长，最高处达57m。又如1260年建成的夏特尔主教堂的中厅只有16.4m宽，却长达130m，有32m高。哥特建筑外部的山花、华盖、门窗洞口以及所有的部件顶端也都以尖形作为主题，充满着强烈的升腾感，形成了向天国接近的幻觉，诗人们常常描述为"高耸入云，疑可摘星"，有力地渲染了宗教气氛。如图9-6、图9-7所示。

图 9-6　巴黎圣母院（资料来源：《外国建筑
史实例集①》，王英健，2006）

图 9-7　夏特尔主教堂（资料来源：《外国
建筑史实例集①》，王英健，2006）

　　标志性建筑：君士坦丁堡圣索菲亚大教堂。如图9-8所示，君士坦丁堡圣索菲亚大教堂是拜占庭建筑中最光辉的代表，该教堂建造于公元532年，坐落在一座巴西利卡教堂的基址上，是皇帝举行宗教仪式和庆典活动的重要场所，设计师为小亚细亚的数学家安提米乌斯和依西多鲁斯。这个精神空间，很好地结合了集中式和纵向式的结构，由竖向轴线引导，主要元素是一个集中式的华盖，在纵向上，中央穹隆和东西两侧半穹顶下的空间相互贯通，形成高大宽阔的大厅，对角线布置的半圆形小穹隆也添加到这个半穹顶的空间中。便组成了双重壳体的结构，南北两侧透过柱廊与大厅相通。由华盖、半穹顶以及半圆形小穹隆组成的中殿置于一个很大的矩形中，大约71m×77m。中央大穹隆直径为32.6m，高15m，由四个宽7.6m，厚4m的柱墩通过高24.3m的帆拱连接支撑，为了分散支撑圆顶所承受的荷载，建筑师在圆顶的东西两面各设计了逐个缩小的半穹顶，并在南北设置四爿墙来平衡中央穹顶的侧推力。教堂正面入口处有供望道者使用的两道门廊，廊子前面是一个环绕着柱廊的庭院，院子中央是施洗的水池。中央穹顶下，40个拱肋从顶部一直延伸到拱脚底部，并在每两肋之间开设窗洞，作为室内照明，当光线从窗洞进入幽暗朦胧的教堂时，穹顶显得十分轻巧空灵。

图9-8　圣索菲亚大教堂（资料来源：《中外建筑史》，娄宇，2010）

　　圣索菲亚大教堂的内部装饰富丽堂皇。教堂的穹顶和地面都镶嵌了彩色的玻璃马赛克，墙壁全部用白、黑、绿、红等彩色大理石板贴面，柱子用昂贵的绿斑岩制成，柱头镶着金箔，有些重点部位还被包上金色的铜箍，使整个大厅色彩艳丽，璀璨夺目，征服了每个人的心，如图9-9所示。

　　1453年，土耳其人占领君士坦丁堡后，将圣索菲亚大教堂改为礼拜寺，并在其四角

图 9-9 　圣索菲亚大教堂内部（资料来源：《中外建筑史》，娄宇，2010）

建造了伊斯兰教的邦克楼，大教堂便形成了如今人们所见到的这种形式。

§9.2　中世纪的音乐艺术

中世纪时，欧洲的宗教活动异常鼎盛，此时整个社会的意识形态都由宗教支配。作为教会服务工具的中世纪音乐，虽然与希腊罗马时期相比较更加丰富多彩，但由于受到教会音乐的控制和宗教思想的束缚，在音乐文化上发展缓慢，风格上也始终给人以低沉、阴暗之感。

宗教音乐是中世纪最主要的音乐形式，其中最有影响的是一类名为"格里高利圣咏"的教会礼仪歌曲。公元5世纪末，当时的罗马教皇格里高利一世，为了统一各地的教会仪式，克服圣歌矫揉造作的毛病，从过去300多年的天主教会圣咏中选编出了一套经典歌调作为天主教的教堂用曲固定下来，在教会的各种仪式上演唱，并将音乐家昂勃洛肖史创造的"四旋法"音阶改为"八旋法"音阶，作为相应的演唱规则，产生了以其名字命名的"格里高利圣咏"。格里高利圣咏是一种无伴奏的齐唱乐，歌词多取自《圣经》。这首乐曲没有和声与对位，没有小节线和节拍记号，不用变化音与装饰音，完全由纯人声用拉丁文演唱出的单声部旋律来表现音乐的静穆与超脱，表达神圣高尚的宗教感情，在当时广为流传，直到今天仍被作为教会音乐的依据，在一些天主教堂中使用。

记谱法的发明是中世纪音乐除格里高利圣咏之外的另一贡献。最初，圣咏的流传仅以口传心授的方式进行，但这种传播歌曲的形式极易在传授过程中产生记忆上的误差，于是，天主教会的音乐家们为了传播教义，统一教会音乐的模式，在公元9世纪发明了纽姆乐谱。纽姆乐谱采用标注在经文上方相距不等的点、线符号（纽姆符号）来示意音调的大致高低。公元 11 世纪时，修道士圭多·达雷左发明了四线谱，可以准确的记录音高，同时还推出唱名法，用 do、re、mi、fa、sol、la、si 等唱名标出音阶中的各个音符。经过数百年的不断完善，四线谱逐渐发展成为了今天的五线谱。五线谱的出现使音乐传播开始走上了规范化、技术化的道路，极大地推动了世界音乐的发展。

　　中世纪中期，当高耸轻盈的哥特式教堂建筑在巴黎出现时，宏伟华丽的复调音乐也同时出现在了法国。复调音乐是指同时含有两个以上不同旋律的多声部音乐，是为了在格里高利圣咏的合唱中区分音域而产生的。复调音乐的出现顺应了与中世纪大教堂相应的宏伟音乐的需要，促进了宗教音乐的变化发展。从此，欧洲音乐就从单音音乐过渡到了复调音乐。最早的复调音乐形式是出现于公元 9 世纪末的"奥尔加农"，复调音乐是在采用格里高利圣咏曲调的主声部下方的四度或五度上一音对一音的附加上一个平行声部（奥尔加农声部）。公元 12 世纪初又在奥尔加农声部上方出现精致华丽的装饰性旋律，形成"华丽奥尔加农"。公元 13 世纪时，以格里高利圣咏为中心的奥尔加农逐渐被弃置，"经文歌"作为一种重要的多声部复调音乐形式开始在宗教音乐中广泛使用。这是解释《圣经》的一种复调合唱歌曲，一般有三个声部，声部之间均采用不同的节奏和歌词进行演唱，低声部常演唱拉丁语的经文歌词，而上方两个声部则会分别用拉丁语或法语演唱经文歌词或世俗歌词。经文歌最初是在宗教仪式上使用，后来在人文主义思潮的影响下出现了世俗的内容，最后干脆成为了社会音乐的大杂烩，为欧洲新的音乐风格的发展形成奠定了基础。

第10章　文艺复兴时期（公元1450—1600年）

§10.1　文艺复兴时期的建筑艺术

公元13世纪以后，早期资产阶级摆脱中世纪的教会精神体系和陈腐的神学观，在文学、艺术和科学等思想文化领域掀起了一场史称"文艺复兴"的解放运动。这场运动以尊重人和以人为中心的"人文主义"作为思想核心，以"复兴古典文化"（复兴古希腊、古罗马的文化艺术传统）作为斗争武器，主张自然科学要摆脱宗教和经院哲学的束缚，歌颂世俗生活，宣扬人性的复苏。文艺复兴运动最早产生于公元14世纪初的意大利，随后迅速席卷了法国、英国、西班牙、德国等欧洲各国，直到公元16世纪末随着意大利经济的衰退而终于结束。

文艺复兴建筑常常有两个基本做法：第一是几何化，主要通过运用基本几何元素和简单数学处理来实现；第二是人格化，借助古典传统设计方式的重新引入来达到。公元15世纪佛罗伦萨主教堂穹顶的建成，标志着意大利文艺复兴建筑史的开始。这是意大利文艺复兴建筑发展的早期（公元15世纪），以佛罗伦萨为主要活动地点，代表性建筑除了伯鲁涅列斯基设计的佛罗伦萨主教堂的中央穹顶之外，还有他所设计的育婴院以及米开朗基罗设计的美第奇府邸。其中育婴院的立面采用了科林斯式券柱敞廊和古罗马水平檐墙等古典手法，被看做是意大利第一座具有完全文艺复兴风格的建筑，其形制直到今天仍被人借鉴使用。如图10-1、图10-2所示。

图10-1　育婴院（资料来源：《外国建筑史实例集①》，王英健，2006）

图10-2　美第奇府邸（资料来源：《外国建筑史实例集①》，王英健，2006）

公元 15 世纪末到公元 16 世纪初，文艺复兴的中心逐渐向罗马转移，意大利文艺复兴建筑也随之进入鼎盛时期。这一时期的建筑活动发展很快，设计水平有很大提高，对于罗马柱式的应用也更加严格，轴线构图和集中式构图随处可见，建筑风格也以雄伟刚强的纪念碑式为主。著名的建筑有伯拉孟特设计的坦比哀多，很像一个希腊雕塑的形体，如图 10-3 所示。公元 16 世纪中叶到末叶是意大利文艺复兴建筑的晚期，此时建筑的风格和构图都比过去更加多样化，柱式组合上也创造性地提出了《五种柱式规范》，为以后欧洲的柱式建筑的规范化提供了基础。帕拉第奥设计的维琴察的巴西利卡法院是这一时期的典型作品，如图 10-4 所示。帕拉第奥是意大利晚期文艺复兴的主要建筑师，他在维琴察的巴西利卡建筑上设计的"帕拉第奥母题"式的两层柱廊被后世许多建筑所效仿。"帕拉第奥母题"是古罗马券柱式的一种发展，即在每个开间的中央按适当比例发一个券，券脚落在开间中与划分开间的壁柱相距 1m 的两根独立的小柱子上，小柱子与大柱子之间架着额枋，并在额枋上各开一个圆洞以获得视觉上的平衡。这种构图是柱式构图的重要创新，以虚实均衡、比例和谐而成为文艺复兴晚期的标志之一。

图 10-3　坦比哀多（资料来源：《中外建筑　　　　图 10-4　维琴察的巴西利卡法院（资料来源：
史》，章曲，李强，2009）　　　　　　　　　　　《外国建筑史实例集①》，王英健，2006）

意大利文艺复兴建筑对西欧诸国的建筑风格也产生了广泛影响。当时的法国在建造宫殿、城堡时就常常将文艺复兴风格细部与哥特式建筑相混合。如香波城堡以文艺复兴风格的庭院作为城堡布局，但庭院的四角和建筑物的顶部却布满了哥特式标志性的尖塔，如图 10-5 所示。英国在公元 16 世纪中叶也开始注重在哥特式建筑中运用文艺复兴式的装饰，并建造了大量的世俗建筑，许多被建在乡村，这些建筑一般都有大面积的花园，墙面多开方形的凸窗。公元 17 世纪初，琼斯为王室设计的伦敦白厅宫，更是采用了"帕拉迪奥母题"的建筑手法。

标志性建筑：佛罗伦萨大教堂。佛罗伦萨大教堂又名玛利亚教堂，是为了纪念佛罗伦

图 10-5　香波城堡（资料来源：《外国建筑史实例集①》，王英健，2006）

萨市内行会起义获得胜利，歌颂共和政体，而建造的一座纪念碑式的建筑。大教堂始建于
1296 年，其形制十分独特，建筑师坎皮奥虽然将教堂平面设计成拉丁十字式，但却打破
了教会的限制，将东部歌坛设计成了以八边形穹顶为中心，仿古罗马万神庙的集中式形
体。但是，由于穹顶的直径太大（最大直径 42.2m），无法找到这样长的木材来做横梁建
立拱肩架，而且高达 54.9m 的鼓座也增加了施工难度，同时，由于地点的限制，不允许
建造哥特建筑中飞扶垛式的支撑物，所以教堂的主体结构虽然已建造完毕，但八边形开口
上却一直未加盖圆顶。直到公元 15 世纪初，手工业工匠出身，精通机械和铸工的设计师
伯鲁涅列斯基才解决了这个问题。如图 10-6、图 10-7 所示。

图 10-6　佛罗伦萨大教堂（资料来源：《中外建筑史》，娄宇，2010）

图 10-7　佛罗伦萨大教堂西立面（资料来源：《中外建筑史》，章曲，李强，2009）

　　伯鲁涅列斯基在设计中综合了古罗马的穹顶技术和哥特式的骨架结构，并对其进行了创新。首先，他利用罗马万神庙圆顶的混凝土水平构造方法代替了拱腰架的运用；其次，他将穹顶建成中空的内外两层，内层是被用铁环和木圈做成的横梁连接起来的 8 根主肋和 16 根小肋构成的圆顶骨架，外层是遮风挡雨的大面，并将下半部用石砌，上半部用砖砌，减轻了圆顶的重量。同时，他还将圆顶轮廓设计成哥特式的尖拱形，并在下方建一八角形底座，不仅提升了穹顶的高度，还大大减小了穹顶的侧推力。

　　佛罗伦萨大教堂的穹顶是西欧第一个建造在鼓座上的大穹顶，标志着文艺复兴建筑史的开始，无论是在结构上，还是施工上，佛罗伦萨大教堂的建造都被认为是开拓新时代的杰作。

§10.2　文艺复兴时期的音乐艺术

　　继文学、艺术和科学等思想文化领域之后，音乐也迎来了它的"复兴"时期。音乐"复兴"的概念最早由公元 15 世纪的音乐理论家廷克托里斯提出，随后得到发展。这一时期的音乐在公元 14 世纪出现的"新艺术"音乐风格（不同于以往的作曲技法与曲式）的基础上，对自然美的表达和音乐的情感抒发提出了更高的要求，并在人文主义思想的影响下，出现许多新的变革，为之后巴洛克音乐的产生起了巨大的推动作用。

北方的尼德兰是欧洲音乐文艺复兴运动的发源地，作为当时欧洲最大的贸易中心，尼德兰在与其他国家的贸易往来中吸收了各国的文化特征，建立和发展了自己的文化特色，在音乐上形成了著名的尼德兰乐派。尼德兰乐派产生于公元 15 世纪下半叶，以聚集在尼德兰从事音乐活动的作曲家为代表，他们极力追求复调音乐的写作技巧，强调复调中各声部的平等地位，发展了复调音乐中的模仿对位技法，确立了严谨的复调声部，对复调音乐的发展有着重要的贡献。其代表人物包括以创作弥撒曲而闻名于世的杜费，写出 36 个声部经文歌的奥克海姆，将意大利旋律与尼德兰复调音乐结合在一起的"国际性"音乐家若斯坎，以及喜好表现人物的感情、描绘日常生活的多才多艺作曲家拉索。

文艺复兴时期的世俗音乐在中世纪的基础上得到了极大发展，公元 16 世纪的牧歌是其中最重要的一种世俗音乐形式，这一时期的几乎所有作曲家都曾涉猎过这一体裁。牧歌的歌词大多出自当时著名的诗人之手，内容上以描写世俗的爱情和生活情景为主，表现伤感的情绪。乐曲旨在将歌词所表达的深刻感情表述出来，由于风格较为诗意，抒发了人文主义的思想，所以在贵族阶级中广为流行。代表性作曲家有意大利牧歌奠基人蒙特威尔第、罗马乐派的创始人帕勒斯特里那和拿波里的维诺萨亲王杰苏阿尔多。

文艺复兴时期，由于手工业和金属冶炼技术的发展，以及城市居民在生活中的音乐需求，器乐音乐十分繁荣。器乐曲中的乐器逐渐脱离单纯为声乐伴奏的地位，取代人声，而成为独立的艺术形式。独奏乐器开始流行，如琉特琴、管风琴、羽管键琴、古钢琴、古提琴等都已出现在音乐舞台上。作曲家们为这些乐器创作了专门的乐曲，出现了前奏曲、托卡塔、幻想曲、变奏曲等独立的器乐音乐体裁。在这一时期，音乐创作手法更加丰富，音乐理论也趋向成熟，印刷术和造纸术的发明，使音乐通过乐谱得到了更加广泛的传播。

标志性音乐家：帕勒斯特里那（G. P de Palestrina，1525—1594 年）。帕勒斯特里那是文艺复兴时期最有代表性的"罗马乐派"作曲家，其作品以宗教音乐为主，主要包括 105 首弥撒曲，250 首经文歌、45 部颂歌和诗篇以及 33 首圣母玛利亚赞曲和悼歌。帕勒斯特里那的音乐作品清晰、朴素，他开创的"帕勒斯特里那风格"，即纯净庄严的无伴奏合唱风格把宗教音乐推向了顶峰。

《马切洛斯教皇弥撒曲》是帕勒斯特里那的所有宗教音乐作品中最具有代表性的一部，帕勒斯特里那在这部作品中运用了十分高超的复调音乐技巧，完美地表现出了宗教的沉静、肃穆、虔诚与神圣。

第 11 章　巴洛克时期（公元 1600—1750 年）

§11.1　巴洛克时期的建筑艺术

　　公元 17 世纪初，兴起于意大利的文艺复兴运动结束了，取而代之的是一股讲究繁复豪华的风尚，这就是被公元 18 世纪的欧洲新古典主义艺术家嘲讽为"巴洛克"的艺术风格。巴洛克是葡萄牙语，意思是"畸形的珍珠"，被用来形容 17 世纪到 18 世纪中创造的那些不合古典规范、奇形怪状、矫揉造作的艺术作品。由于巴洛克风格中标新立异、追求新奇的艺术特点与 18 世纪新古典主义艺术家提倡的传统、严谨背道而驰，所以这个称呼最初是带有贬义的。与文艺复兴运动一样，巴洛克风格最先诞生于意大利，之后才在英国、法国、德国等欧洲国家广泛传播。

　　巴洛克建筑是在文艺复兴建筑的基础上发展起来的一种建筑风格。早在 1602 年，第一座巴洛克风格建筑——罗马耶稣会教堂就在意大利出现了。这是一座天主教教堂，其正立面构图虽然严谨，但却变化丰富，立面上重叠的山花和巨大的涡卷充分体现了自由的巴洛克建筑风格，被后继者广泛效仿。如图 11-1 所示。公元 17 世纪，意大利的经济衰退仍在继续，唯有罗马教廷因为世代承袭的政治地位和收取巨额贡赋所带来的经济收益而持续繁荣着，为了向从欧洲各地赶来的朝圣者炫耀教会的兴盛，坚定对天主教的信仰，使罗马

图 11-1　罗马耶稣会教堂（资料来源：《中外建筑史》，章曲，李强，2009）

再度成为世界的中心，教皇在罗马城大量修建了中小型教堂和宏伟的广场，为了在教堂中制造出神秘迷茫的气氛，同时又要表现出教会的富有，这些教堂在造型上着重强调运动与变化，装饰上极力展现其华贵，同时注重光影的变化，开启了建筑史上的巴洛克时期。波洛米尼设计的罗马圣卡罗教堂以及圣彼得大教堂前的复合广场都是巴洛克建筑最为典型的代表。如图 11-2 所示。

图 11-2　罗马圣卡罗教堂（资料来源：《中外建筑史》，章曲，李强，2009）

　　巴洛克建筑从罗马城发端后，便迅速传遍整个意大利，传遍欧洲，甚至越过大西洋，传播到南美，尤其对法国、英国、德国、西班牙的影响最为深远。公元 17 世纪下半叶，从意大利留学归来的德国建筑师将巴洛克建筑风格带到了德国，创造了具有德国民族特色的巴洛克建筑，这些建筑的外观大多简洁雅致，没有过多装饰，造型柔和，但内部却有许多纤巧细腻的灰泥装饰，装修华丽。英国的巴洛克建筑风格与繁复、夺目的巴洛克建筑风格不太相同，其外表虽然美丽，却并不张扬，而是如同英国人特有的绅士风度一样亲切而谨慎。如圣保罗大教堂的西立面是用自由的巴洛克风格建造的哥特式传统的双塔结构。如图 11-3 所示。法国受巴洛克风格的影响很深，这与法国国王路易十四崇尚宫廷活动有很大关系，所以法国的巴洛克主要在奢靡的宫廷建筑与王公贵族的宅邸中盛行，并大量应用在室内装饰上，发展成更加细密繁复的"洛可可室内装饰风格"。如卢浮宫东立面以及凡尔赛宫花园等，如图 11-4、图 11-5 所示。

图 11-3　圣保罗大教堂（资料来源：《外国建筑史实例集①》，王英健，2006）

图 11-4　卢浮宫东立面（资料来源：《中外
　　　　建筑史》，章曲，李强，2009）

图 11-5　凡尔赛宫花园（资料来源：《中外
　　　　建筑史》，章曲，李强，2009）

　　巴洛克建筑风格从表面上看是文艺复兴建筑的发展和延伸，但形式上却完全不同。巴洛克建筑风格喜好富丽繁华的装饰和雕刻，不惜用黄金、珠宝等贵重材料来装饰室内；巴洛克建筑风格追求自由动态的造型，常采用曲线、曲面以及排列疏密的柱子和断裂的山花与檐部，使空间充满动感；巴洛克建筑风格讲究极端表现力的视觉效果以及强烈的色彩，擅长运用光影的变化和结构层次来夸大空间的距离，产生虚幻的气氛。这些都是巴洛克建筑的重要特征。

11.1.1　标志性建筑：罗马圣彼得广场

　　罗马圣彼得广场是伯尼尼在圣彼得大教堂阶梯广场的基础上，设计的一座巨大的椭圆形广场。广场长 340m，宽 240m，可以同时容纳 50 万人，是罗马教皇在重大节日里举行弥撒的地方。如图 11-6 所示。

圣彼得广场的左右两侧对称排列着一对半圆形柱廊，柱廊由高 18m 的巨大圆形石柱组成，这些石柱不同于传统的柱式法则，在造型上即包含爱奥尼柱式的优雅，又有多利克柱式的高贵，是伯尼尼设计的一种独特柱式。柱廊顶上还排列着圣人的雕像，俯视着广场上的人群。两道柱廊环绕着广场，就好像张开着手臂，仁慈的接纳来自世界各地的信徒一样。广场中央还有一座方尖碑，方尖碑两侧各有一座喷泉。广场的设计完全满足了教廷的需求，体现了基督教的博爱，展示了教会的兴盛，是巴洛克式广场的代表作。如图 11-7 所示。

图 11-6　圣彼得大教堂（资料来源：《中外建筑史》，娄宇，2010）

图 11-7　圣彼得广场（资料来源：《外国建筑史实例集①》，王英健，2006）

11. 1. 2　标志性建筑：罗马圣卡罗教堂

罗马圣卡罗教堂位于罗马四喷泉路口，建成于 1667 年，由建筑师波洛米尼设计，是罗马巴洛克式教堂的典型代表。教堂规模不大，主殿平面是由两个圆形相交组成的椭圆形，椭圆形的四角各有一个礼拜堂，形成一个变形的希腊十字。内部空间很好的传承了椭圆这一巴洛克建筑最常用的主题，室内 16 根圆柱的柱顶檐脚相互连续，围合成与主殿平面相同的椭圆，椭圆内面有用四个圆拱共同托起的一个布满蜂窝状藻井的椭圆形穹顶，穹顶中央有椭圆形采光亭，这是整个教堂唯一的窗子，从采光亭透进来的光线照射在凹凸的墙面上，使室内光影产生强烈变化，如图 11-8 所示。教堂临街的西立面动感强烈，西立面并不是一个完整的平面，而是一个波浪形错落起伏的曲面。立面由上、下两层组成，分别装饰着两对巨大的圆柱，底层正中是教堂的命名圣者圣卡罗的雕像，顶层正中有一弧形阳台，装饰着精巧的栏杆，山花上还有两个小天使承托着一个巨大的椭圆形纹章雕饰。整个教堂没过多的使用颜色装饰，但到处都充满着随意的曲线，是一座通过建筑多变的形体来进行装饰的巴洛克教堂。

图 11-8　椭圆形穹顶（资料来源：《外国建筑史实例集①》，王英健，2006）

§11.2　巴洛克时期的音乐艺术

　　音乐方面的巴洛克时期，大体是指从 1600 年开始，到 1750 年巴赫逝世时终止的前后一个半世纪，由于这一时期的音乐艺术特征与巴洛克艺术在审美原则上都有着复杂多样、夸张奇异的共同性，所以被称为"巴洛克音乐"，巴洛克音乐也作为音乐史上一个特定的音乐艺术风格被确定下来。

　　歌剧是巴洛克时期最重要的音乐成果之一，巴洛克时期的歌剧诞生于 16 世纪末意大利的佛罗伦萨，是聚集在当地的一群名为"卡梅塔"的诗人、哲学家和音乐家们，为了复活古希腊的戏剧，给其创造新的生命而产生的一种诗歌与音乐相结合的戏剧形式。"卡梅塔"又名"佛罗伦萨之友"，意为有文化的小圈子，成员均为文化艺术界的名人，其中不乏贾科波·佩里和文森佐·加利莱（天文学家伽利略的父亲）这样有影响力的作曲家和作家，他们热衷于探讨艺术的未来，以给艺术赋予新的生命为己任。随着主调音乐的兴起，他们发现复调音乐会妨碍歌词的清楚表达，而单声部旋律下的音乐则更能体现出歌曲的戏剧效果，在希腊悲剧形式的启发下，他们给古希腊故事谱曲，给演员穿上戏服演出，给故事里的每一个角色指定单独的演唱者，并用宣叙调的独唱形式来模仿人物讲话，叙述故事情节，用咏叹调来表现人物的情绪，抒发感情，由此产生了音乐、戏剧、文学、舞蹈为一体的歌剧艺术形式。1607 年，蒙特威尔第编撰的歌剧《奥尔菲欧》在曼图亚宫廷上演，这是第一部真正意义上的歌剧作品，这部歌剧采用了大规模的管弦乐编制，并将其作为戏剧效果与独唱、重唱和舞蹈一起来为剧情服务，奠定了歌剧中的器乐地位。最初，歌剧只限于王公贵族的宫廷娱乐所用，市民阶级只能欣赏到一些民间歌曲和舞蹈而已，1637

年，威尼斯圣卡西亚诺剧院的启用，彻底打破了这一局面。卡西亚诺剧院是历史上第一家向普通市民开放的公共歌剧院，该歌剧院的启用使平民百姓也有机会一睹歌剧的风采，这不仅拓宽了欣赏歌剧的观众群，加速了歌剧的传播，也使歌剧的发展空间更加宽广。公元17世纪中期，意大利出现了不同的歌剧中心和歌剧乐派，大量的音乐家和剧作家开始创作歌剧，舞台上也开始注重布景和照明的使用，歌剧的发展进入到了黄金时期。随着歌剧在欧洲的广泛传播，法国、英国、德国都相继成为这种新艺术形式的中心，它们都对歌剧进行了符合民族特性的改造，出现了诸如吕利（法国）、拉莫（法国）、蒲赛尔（英国）、舒兹（德国）这样具有民族风格的歌剧作曲家，以及《阿尔密德》（吕利）、《风流的印度人》（拉莫）、《迪东与伊尼》（蒲赛尔）、《达芙妮》（舒兹）这样优秀的歌剧作品，对歌剧的发展有着不可磨灭的贡献。

"对比"是巴洛克时期音乐的另一个重要成果。这一概念的提出主要是为了与文艺复兴时期的音乐特征相区别。文艺复兴时期的复调音乐由于各个声部相互交织，演奏速度大致相同，所以音乐流畅平缓，少有起伏，而巴洛克艺术复杂奇异的审美观念，使得巴洛克音乐无法继承这些"文艺"特征，从而在巴洛克时期音乐中产生了这种通过各种力量进行激烈对抗从而达到特殊效果的"对比"。巴洛克音乐中的对比并不局限于同一层面，这种对比可以是音速的快慢对比、音调的高低对比、独奏与合奏的对比以及不同音色之间的对比，等等。如歌剧《朱利叶斯·恺撒》第二幕的咏叹调中，亨德尔用通奏低音和长笛、小提琴等其它伴奏声部之间形成对照，强化了歌剧的情感表现，使剧情更具有感染力。

11.2.1　标志性音乐家：克劳迪奥·蒙特威尔第

克劳迪奥·蒙特威尔第（Claudio Monteverdi，1567—1642年）出生于意大利北部的克雷莫纳，是意大利著名的歌剧作曲家。他在15岁时就已发表了一首三声部的《经文诗》，20岁时就出版了第一本牧歌集，40岁时发表了世界音乐史上第一部真正意义上的歌剧作品《奥尔菲欧》，被世人称颂为"新音乐的创造者"。蒙特威尔第的一生正值文艺复兴和巴洛克两个时代的交替时期，所以他并不像其他巴洛克音乐家那样排斥文艺复兴时期的复调音乐，相反还将其应用在音乐创作中，并与巴洛克时期的表现技法结合在一起，以增强音乐的表现力。歌剧是蒙特威尔第最主要的创作，他的歌剧作品注重挖掘人物内心的真实情感，旋律变化丰富，和声结构清楚，有着强烈的戏剧表现力，在音乐史上的地位甚至可以与莎士比亚的戏剧相媲美，主要作品有《奥尔菲欧》（1607）、《尤利西斯还乡记》（1641）、《波培亚的加冕》（1642）等，此外他还撰写了近百首宗教作品以及其他许多世俗声乐。

11.2.2　代表作品：《奥尔菲欧》

《奥尔菲欧》是蒙特威尔第于1607年在曼图亚宫廷首演的一部五幕歌剧，该剧被认为是世界音乐史上第一部真正意义上的歌剧作品。该剧以希腊神话中奥尔菲欧和尤丽狄西的爱情悲剧作为故事情节，用管弦乐来刻画奥尔菲欧的内心情感，并率先采用大规模的乐队编制，将音乐作为与演唱和舞蹈同等重要的歌剧成分，奠定了歌剧中的器乐地位。

11.2.3　标志性音乐家：乔治·弗里德里克·亨德尔

乔治·弗里德里克·亨德尔（George Frideric Handel，1685—1759年）出生于德国哈

勒的萨克森城，是著名的英籍德国作曲家。亨德尔从小就显示出了极高的音乐天赋，但他的医生父亲并不愿意他去学习音乐，而是希望他能从事律师这种受人尊敬的职业，所以幼年时的亨德尔只能偷偷地进行音乐学习，直到当地的维森费尔斯公爵发现了他的音乐才能之后，亨德尔才正式开始了他的音乐之路。他先是拜在作曲家、管风琴师查豪门下学习作曲和演奏，之后进入哈勒大学学习法律，业余担任加尔文教堂的管风琴师和汉堡凯萨歌剧院的小提琴手，在此期间，亨德尔开始了歌剧和清唱剧的创作。1705 年，他的第一部歌剧《阿尔米拉》在汉堡首演，深受好评。1706 年，亨德尔在意大利游历时，结识了科雷利和维瓦尔第等音乐大师，系统地学习了意大利的歌剧、清唱剧、协奏曲的创作手法。1711 年，他来到英国伦敦，创作了歌剧《里纳尔多》，随后定居在伦敦，创作出歌剧《阿尔辛那》（1735），清唱剧《弥赛亚》（1742）、《耶夫塔》（1752）等著名作品。亨德尔在作品中常以简练的音乐手法来表现宏伟的气势，充满庄严强劲之感，体现了巴洛克音乐艺术的风格特征。

11.2.4　代表作品：《弥赛亚》（清唱剧）

《弥赛亚》是亨德尔所创作的最受欢迎的一部作品，这部清唱剧创作于 1741 年夏，是为柏林慈善音乐会而撰写的一部清唱剧。弥赛亚是圣经中的词语，意思是"救世主"，全曲分为三个部分，由 57 首乐曲组成，唱词选自圣经，记述了"救世主"基督的诞生、受难和复活的过程。第二部分的结束曲《哈利路亚》是其中最为著名的一首乐曲，哈利路亚意为"赞美神"，是基督教徒们对上帝的赞美词，亨德尔在《哈利路亚》中利用赋格与主调的强烈反差，产生宏伟磅礴的气势，制造出欢腾的氛围。每当"哈利路亚合唱"响起，仿佛真的看到了"坐在宝座上的上帝和跟随他的所有天使"（亨德尔），这时，全体观众都会起立，向上帝致敬，成为整部清唱剧的高潮。

11.2.5　代表作品：《皇家烟火》（序曲）

《皇家焰火》序曲（11'04）这首音乐是亨德尔晚期最伟大的乐队作品之一，这部作品受命为英国庆祝"爱克斯·拉·夏贝尔和约"的签订而作，这个和约结束了长期以来的奥地利皇位继承战争，庆祝有焰火表演以及与之配合的辉煌音乐，首演是在 1749 年 4月 21 日在伦敦渥哈尔花园的彩排。

乐器编配：3 支双簧管、2 支大管、1 支低音大管、3 支圆号、3 支小号、定音鼓、第一小提琴、第二小提琴、中提琴以及大提琴、低音提琴和羽管键琴。

《皇家焰火》（序曲）介绍如表 11-1 所示。

表 11-1

时间	乐段	详　　解
00：00	主题是庄严的号角声	主题是庄严的号角声，由乐队齐奏，这种宫廷式的旋律，体现了18 世纪上半叶皇家庆典仪式豪华庄严的气氛。
00：23	交替演奏主题	第二乐段由第一乐段引出，但有些变奏。
02：48	乐队齐奏反复之前的乐句	

时间	乐段	详　解
05：38	小号的号角声	小号号角声过后，木管和弦乐声部紧跟着对定音鼓作出回答。
07：15	反复奏出快板的主题部分	小号再次奏出快板的主题部分，弦乐声部以转调的方式作应答，并将乐曲带入一个新的调性。
07：43	模进与尾声	听到了另一个模进，依然建立在号角声的基础上。如此引入新的十六分音符的动机。
08：38	新乐段	节奏放慢，乐曲的情感产生变化。弦乐声部转调，带入一个新的和声部分。这段灵光闪现的乐段与支配整个序曲的兴奋情绪形成对比。
09：02	华彩段	
09：21	前面快板的反复	亨德尔在此处为了协调快板中的铜管部分，反复了整个第二部分。之前的乐段得以精确地反复。华彩段落显示进入这首庄严的序曲的末尾部分。

11.2.6　标志性音乐家：约翰·塞巴斯蒂安·巴赫

约翰·塞巴斯蒂安·巴赫（Johann·Sebastian·Bach，1685—1750 年）是德国著名的作曲家和管风琴家，他出生于德国埃森纳赫的一个音乐世家，父亲和祖父都是职业乐师，从小就受到了良好的音乐熏陶，10 岁时父母双亡，跟随哥哥克里斯托弗一起生活。克里斯托弗是约翰·巴赫贝尔的学生，也是一名管风琴师，他教授了巴赫弹奏管风琴的技巧。15 岁时，巴赫加入吕讷堡米夏埃利学校的唱诗班任歌手，之后历任各大教堂和宫廷的管风琴师和乐长，直至去世。

巴赫的音乐中包含了生活的痛苦和对幸福的向往，渗透着人文主义思想和哲学伦理意义，他将复调思维与主调手法并用，使复调音乐达到了高度的繁荣。巴赫去世后相当长一段时间里，他的音乐都无人问津，直到 19 世纪初，人们才发现他的价值，海顿、莫扎特、贝多芬等音乐大师都曾学习过他的作品，自此他的声誉和名望与日俱增，被敬奉为"西方音乐之父"。

巴赫的一生创作了无数优秀的音乐作品，涵盖了巴洛克时期除歌剧外的几乎所有音乐体裁，如声乐作品《马太受难曲》、《b 小调弥散》，器乐作品《勃兰登堡协奏曲》、钢琴乐曲《平均律钢琴曲集》、《赋格的艺术》，室内乐作品《音乐的奉献》等都是他的代表作。如今这些作品仍时常在教堂和音乐厅的演出中出现。

11.2.7　代表作品：《勃兰登堡协奏曲》

《勃兰登堡协奏曲》创作于 1719 年，是巴赫应勃兰登堡侯爵之约创作的六首协奏曲曲集，在欧洲管弦乐史上有着举足轻重的地位。六首协奏曲的风格迥异，每首都用不同独奏乐器组合成的独奏组和同类独奏乐器组合成的伴奏组进行交替演奏，相互竞争而形成各种对比，从而更好地揭示主题所要表达的思想。

代表作品：《平均律钢琴曲集》第二卷：C 大调前奏曲和赋格的介绍如表 11-2 所示。

表 11-2

时间	详　　解
0：02	巴赫使用了持续音———一种持续不断的低音，甚至好像一切东西都在其上方旋转。如果听众仔细地听，就能听到第一音符（低音 C）持续了整整 13 秒钟。持续音给这一音乐以磐石一般坚定的感觉。 　　听众肯定能够听到对位。似乎到处都是，有时在高音上，有时在低音上，有时在两者之间（在所谓的"中音部"）。羽管键琴演奏者可以采取分解和弦的方法，达到音量的增加。演奏者不是一次弹奏一个和弦中的三四个音，而是把它们分开，一般就是首先弹奏低音。演奏这一和弦所增加的时间，使听众会产生增加音量的错觉。听众可以在 1：00 中听到这点，并在 2：10 前奏曲最后一个音符中非常明显地重新听到。 　　4 个不同的声部同时演奏起来，听众很容易理解一首曲赋格了。键盘乐器演奏者只靠两只手就能模仿这些声部，这是一件很困难的工作。
2：16	第一声部演奏赋格的旋律，完全靠演奏者自己，不要伴奏。
2：22	当第一声部继续演奏某些新的东西时，第二声部开始演奏旋律，比第一声部略高一点。
2：26	越来越复杂。当第一声部和第二声部继续进行时，第三声部开始了它的旋律。
2：31	第四声部进入了这场争执。听众不会错过这个声部，因为第一，此时演奏的是最高声部；第二，这个最高声部是听众在赋格开始时就听到过的。 可以听到的是 6 个音符构成的一组——两个非常短，两个稍长，两个更长。这就是这一旋律的主要特点。听众可以在 2：46、2：50、3：02、3：12、3：16 以及乐谱的其他地方听到。
3：21	巴赫引入了一个常见的赋格技巧。在这一作品接近结束时，旋律以快速的顺序更紧密地相继进入。一个声部大约每一秒钟进入一次，增加了激动的成分。

第 12 章　古典主义时期（公元 1600—1820 年）

§12.1　古典主义时期的建筑艺术

古典主义是同巴洛克同时发展起来的一种艺术潮流，古典主义发端于法国，是随着法国绝对君权的形成而产生的。古典主义讲求理性、清晰和稳定，对于古罗马时期、古希腊时期的人体美和尺度的观念十分推崇，主张用古典庄重、严谨、有序的艺术风格来表现纪念性的形象，广泛流行于欧洲文学、艺术和科学等各个思想文化领域。

古典主义建筑是指公元 17 世纪起在法国出现的一种建筑风格。在古典主义建筑发展的初期，虽然法国已经超过意大利成为欧洲最强盛的中央集权国家，但法国这时的封建王权实际上仍受到教会的制约。为了巩固君主专制制度，强化中央集权，17 世纪下半叶，法国国王路易十四免除了主教的首相职位，将所有权力集于一身，使王权达到顶峰，法国也因此处于绝对君权的政体之下。为了炫耀王权的权威，路易十四极力推崇古典主义文化，认为古典主义严谨、有序的形象是中央集权的象征，更能体现政权的气派，古典主义建筑也因此而备受青睐。为了推行古典主义，制定各艺术领域的古典规范，巴黎设立了许多皇家艺术学院，包括绘画学院、雕刻学院、音乐学院等。皇家建筑学院于 1671 年设立，学院中的建筑师只允许为国王工作，所以法国的古典主义建筑风格主要出现在宫廷和纪念性建筑上。学院的学生多为贵族，由于他们看不起建筑施工者和他们的技术，于是建筑师的设计就与实际操作分离开来，产生了"学院派"这一建筑群体。学院派的建筑师崇尚古典形式，认为建筑中的"美产生于度量和比例"（建筑学院的第一位主任教授弗·勃隆台），古罗马宏伟的建筑风格就包含了这种尺度规则。于是，古罗马的柱式和突出轴线、强调主从关系的构图就被广泛运用在古典主义建筑中。如霍尔汉姆府邸的主体建筑与前面的花园就是以一条轴线对称布置的。如图 12-1 所示。

由帕拉第奥的古典建筑风格承袭而来的古典主义建筑，以极端的理性和无上的权力作为设计标准，强调严谨而细致的造型，并严格的遵循古典规范。构图上突出轴线、强调主从关系，体现沉稳的风格，立面上常用象征统一与稳定的纵横三段式的手法，内部装饰奢华，并适当地运用了一些巴洛克手法，显示着君主的权力和财力。典型代表作如巴黎伤兵院新教堂以及凡尔赛宫。如图 12-2 所示。

标志性建筑：凡尔赛宫。凡尔赛宫是欧洲最大的王宫，位于巴黎西南近郊的凡尔赛城，凡尔赛宫原本是路易十三在 1624 年修建的一座小型猎庄，1661 年，路易十四运用了当时最高超的技术和最杰出的艺术形式，并倾尽了国家的物力和财力，直到 1710 年才修建完成。

凡尔赛宫规模宏大，占地 111 万 m^2，其中园林面积为 100 万 m^2。整个王宫以东西为

图 12-1　霍尔汉姆府邸（资料来源：《外国建筑史实例集①》，王英健，2006）

图 12-2　巴黎伤兵院新教堂（资料来源：《中外建筑史》，章曲，李强，2009）

轴，南北对称，包括扩建后的宫殿、西面的花园与三条放射性大道。

　　宫殿是以原先的猎庄为中心建造的，正中是供国王和王后起居用的宫室，南翼为王子们居住的寝宫，北翼是处理朝政、办公的所在，并有一所王室小教堂和剧院。两翼之外还有车房、马厩等许多附属建筑。宫殿前处于王宫几何中心的位置放置着路易十四的骑像，象征着君王的绝对君权。宫殿正立面为法国古典建筑典型的纵、横三段式处理手法，纵向分成南北两翼和中心建筑三部分，横向由两层楼层和平屋顶上开设的高侧窗分成上下三层，墙面和檐口上点缀着许多装饰和雕塑。宫殿内部分布着 500 多个厅室，每一个厅室都装饰得富丽堂皇，其中最为奢华的是位于中央部分的"镜厅"。镜厅有 73m 长，10m 宽，13m 高，大厅一侧的墙面上镶有 17 面大镜子，面向西面的花园，对面是 17 面法国式圆拱立地窗。厅内还装有巨大的水晶吊灯。白天，人们可以透过镜子观赏对面花园的美景，晚上，蜡烛的光线通过镜面的反射，产生扑朔迷离的效果。著名的凡尔赛合约就是在此签订的。如图 12-3、图 12-4 所示。

图 12-3 宫苑内的小特里阿侬（资料来源：《外国建筑史实例集①》，王英健，2006）

图 12-4 凡尔赛宫镜厅（资料来源：《中外建筑史》，娄宇，2010）

凡尔赛宫西面是法兰西式大花园，一条长达 7km 的运河作为主轴，将花园分成了轴对称的两部分，体现了古典主义建筑突出轴线、讲求对称的风格。花园中的道路、树木、花圃、喷泉等均对称的建造或修剪成几何形，各色雕像也和谐的点缀在花园中。凡尔赛宫东部三条笔直的林荫大道，以宫殿的正门为顶点呈放射状的发散出去，其中只有中央的大道通向城区，其他两条大道则通向另外两座离宫。如图 12-5 所示。

图 12-5 凡尔赛宫花园（资料来源：《中外建筑史》，娄宇，2010）

凡尔赛宫是法国绝对君权和独裁统治最重要的象征，凡尔赛宫的建筑和花园形式在一段时期中被欧洲各国的王公贵族所争相效仿，如奥地利维也纳奥匈帝国皇帝的美泉宫等。

§12.2　古典主义时期的音乐艺术

1750 年，巴赫在德国东部的莱比锡逝世，巴赫的去世不仅标志着巴洛克音乐时代的结束，同时也预示了古典主义音乐时代的来临。音乐上的古典主义通常是指从巴赫去世时开始到贝多芬去世时为止，即从 1750 年到 1827 年的这一阶段中，以海顿、莫扎特、贝多芬三位音乐大师为代表的"维也纳古典乐派"所主导的音乐风格和成就。

维也纳是奥地利的首都，是 18 世纪的欧洲最重要的文化中心之一，作为王公贵族的聚集地，维也纳的音乐活动十分活跃。这些贵族阶级热衷于弄赏音乐，都有着自己的乐队和唱诗班，还倡导了一种叫做"大音乐会"的严肃音乐演奏会，并经常在家里举办各种舞会和音乐会。与此同时，维也纳的民间音乐活动也很丰富，剧院里出现了公开售票的民间音乐会，在市民的生活场所，到处都可以听到轻松娱乐的器乐演奏，看到歌唱艺人的风俗舞蹈。再加上奥地利的多民族特色，造成了维也纳音乐文化中的多民族性。这些使得维也纳逐渐成为了欧洲的音乐文化中心。"交响乐之父"海顿、"音乐天才"莫扎特和"乐圣"贝多芬都在这里度过了他们的音乐生涯，实现了他们音乐艺术生命中的高峰，给世人留下了不朽的音乐巨作。维也纳古典乐派就是以这三位音乐大师为代表，以维也纳为地域中心形成的音乐艺术流派。这一乐派崇尚理性和自然的美，强调结构上的逻辑性，追求音乐形式的严谨。古典乐派以庞大的音乐，丰富的创作手法以及强烈的表现力，使古典主义音乐达到艺术的顶峰，成为世界音乐史上一座不朽的丰碑。

除古典主义乐派外，古典主义时期的德国还相继出现了以地域名称命名的"曼亥姆乐派"和"柏林乐派"。曼亥姆乐派是指在德国的曼亥姆地区出现的，以小提琴家、乐队指挥家约翰·斯塔米兹为代表的一批来自奥地利和波希米亚的音乐家一起创作演出，形成的音乐流派。这一乐派，重视小提琴的旋律声部，废除了巴洛克时期的数字低音，在意大利歌剧序曲结构的基础上，增加了快速的第四乐章，奠定了古典交响乐的结构基础。柏林乐派是指在德国柏林出现的，以约翰·塞巴斯蒂安·巴赫的两个儿子卡尔·菲利普·巴赫和威廉·弗里德曼·巴赫为代表的音乐流派。该乐派以音乐中的情感表达为主要追求，将奏鸣曲中呈示部主题分开，开创了近代奏鸣曲的先河。

12.2.1　标志性音乐家：弗朗兹·约瑟夫·海顿

弗朗兹·约瑟夫·海顿（Franz Joseph Haydn，1732—1809 年）是奥地利著名的作曲家，也是维也纳古典乐派的早期代表人物之一。他出生于奥地利与匈牙利交界处的一个小镇，父亲是马车工匠，家庭十分贫困。海顿自幼喜爱音乐，从小就表现出了极高的音乐天赋。他 5 岁开始学习音乐，8 岁时进入维也纳圣斯蒂芬大教堂的唱诗班担任歌童，23 岁时跟随意大利作曲家尼古拉·波尔波拉学习作曲，在此期间，他结识了许多著名的音乐家，广泛的接触了维也纳的世俗音乐，音乐才华得到很大发展。从 1759 年起的 30 年间，海顿一直在匈牙利最富足也最有权势的埃斯特哈奇宫廷担任乐长，开始了音乐创作之路，他一生中的绝大部分作品都是在这一时期创作出来的，包括有歌剧《阿尔米达》（1784）、交响乐《G 大调黄昏》（1761）、清唱剧《圣母颂歌》（1767）、弦乐四重奏《F 大调弦乐四重奏》（1861），等等。但真正使他闻名于世的作品却是出自其垂暮之年。1795 年，海顿访问英国伦敦时，为扎洛蒙的音乐会创作了 12 首交响曲，即著名的《伦敦交响曲》，这部管弦乐历史上的顶尖之作，充分体现了英国人民的民族个性，获得了伦敦听众的一致好评，海顿也从此名震欧洲。牛津大学甚至授予了他名誉博士学位。

海顿一生共创作了 108 首交响乐、84 部弦乐四重奏以及近百首钢琴鸣奏曲和清唱剧，他还确立了古典交响曲的结构形式，被誉为交响乐之父。

12.2.2 代表作品：《伦敦交响曲》（D 大调第 104 号交响曲）

《伦敦交响曲》原名《D 大调第 104 号交响曲》，创作于 1795 年，是海顿应小提琴家所罗门邀请二次旅居英国伦敦期间所创作的 12 首《所罗门交响曲》（亦有人将其称为"伦敦交响曲"）的其中一首，也是海顿的最后一部交响曲。全曲共有四个乐章，其中第四乐章是典型的奏鸣曲形式，其主题取材于乡村舞曲，充满着民族风味。整部作品旋律抒情，节奏灵活，代表了古典主义时期交响曲的最高境界，具有很高的艺术价值。

12.2.3 代表作品：《时钟 101 交响曲》第二乐章

《时钟 101 交响曲》第二乐章慢板，伴奏充满着规则的八分音符节奏，各种乐器以独特的点奏方式营造出类似时钟钟摆的音色，滴答作响的效果精致而逼真，因此后人为这部作品加上了"时钟"这个具有象征意义的标题。

乐器编配：小提琴、中提琴、大提琴、低音提琴、大管、双簧管、定音鼓、长笛、圆号、小号。

《时钟 101 交响曲》第二乐章的介绍如表 12-1 所示。

表 12-1

时间	乐段	详　解
00：00	主题	木管以断奏形式演奏，一板一眼的节奏作为伴奏部，形成钟摆的感觉，令人联想起时钟的钟声。第一小提琴奏出旋律。
03：18	第一变奏	G 小调，主要运用了附点节奏与 32 分音符。
04：40	第二变奏	恢复 G 大调，是长笛、双簧管、大管与第一小提琴的四重奏嬉游曲，整个曲调活泼生动，有一种做游戏的感觉。
06：30	第三变奏	为降 E 大调短小的经过部。
07：12	第四变奏	转回 G 大调，运用连续的三连音与木管的钟摆节奏型同时进行，将音乐推向高潮。

12.2.4 标志性音乐家：沃尔夫冈·阿玛迪乌斯·莫扎特

沃尔夫冈·阿玛迪乌斯·莫扎特（Wolfgang·Amadeus·Mozart，1756—1791 年）是奥地利的著名音乐家，维也纳古典乐派的主要缔造者。他出生于奥地利萨尔斯堡一个音乐之家，父亲利奥波德是萨尔斯堡大主教乐队的小提琴师。莫扎特从小就跟随父亲学习音乐，表现出非凡的音乐才能。他 3 岁就能弹奏钢琴，5 岁就能写作乐曲，6 岁就跟随父亲在欧洲各国进行巡回演出，8 岁时便写下了他的第一部交响乐，12 岁就能创作独幕德国歌唱剧，并自学了小提琴和管风琴，被誉为"音乐神童"。在长达 10 年的巡演中，莫扎特接触到了当时欧洲最前沿的音乐艺术，结识了包括"海顿"在内的许多音乐界的顶尖人物，为之后的音乐创作打下了坚实的基础。1773 年，莫扎特受聘于萨尔斯堡大主教乐队担任首席，创作了他的第一部钢琴鸣奏曲和小提琴协奏曲。因不甘于教会的统治，1781年，莫扎特辞去萨尔斯堡大主教乐队的职务，定居维也纳，摆脱教会控制，成为独立的音乐人。在维也纳生活的 10 年，是莫扎特音乐创作生涯中最为鼎盛的阶段，歌剧《费加罗的婚礼》、《堂皇》、《女人心》、《魔笛》等都是在此期间完成的，1791 年 12 月 5 日，莫扎特因病与世长辞，留下了尚未完成的宗教音乐作品《安魂曲》。

莫扎特短暂的一生中，留下了许多脍炙人口的音乐作品，这些创作几乎涵盖了所有的音乐体裁。他的作品充满着强烈的人文主义思想和阶级意识，旋律清新优美，富含诗意，平易近人，深受听众喜爱，被作为音乐精品常常出现在各大音乐舞台上。

12.2.5　代表作品：《第 41 号交响曲》

《第 41 交响曲》（C 大调）创作于 1788 年，是莫扎特最为知名的一部交响乐，曾被俄罗斯作曲家柴可夫斯基誉为"交响音乐的奇迹"。全曲共分三个乐章，其中第一乐章采用奏鸣曲形式，将进行曲的节奏和刚毅有力的乐音形成的宏伟雄壮的音型，与由小提琴奏出的温柔宁静的短句相交替对比，展示出英雄的主题，具有古罗马神话中的众神之神——朱庇特的英雄气概，因此又被称为《朱庇特交响曲》。

12.2.6　代表作品：《第二十钢琴协奏曲 D 小调》KV466 第二乐章　浪漫曲

乐器编配：2 支长笛、2 支双簧管、2 支大管、2 支圆号、2 支小号、定音鼓、第一小提琴、第二小提琴、中提琴，大提琴、低音提琴。

独奏：钢琴。

《第二十钢琴协奏曲 D 小调》KV466 第二乐章浪漫曲的介绍如表 12-2 所示。

表 12-2

时间	乐段	详　解
00：00	副歌	开头是钢琴演奏的优美旋律。半音阶加强了浪漫主题的表现力。这个旋律将以副歌的形式在后面重现。
01：43	分节歌 I	钢琴重又进入。旋律还是那样抒情，有着和副歌相同的情绪。左手轻柔伴奏，模仿弦乐部分，开始的几小节是简单的八度音降 B 和弦。中间有转调，音乐情绪色彩也有变化，但是忧郁、宁静的感觉还在。
03：02	副歌	钢琴重复副歌部分的第一句。
03：41	分节歌 II	第二部分中可以听到一个很突然的转调（G 小调）；情绪立即改变，接着引入一段生动的钢琴炫技。

时间	乐段	详　解
05：30	变调	一个过渡段，莫扎特把音乐转回原调，管弦部分作了强有力的支持。这个片段需要演奏家高超的技巧和鉴赏力来重建开始时的情绪，力度和音量都缓缓减弱。
05：57	副歌	副歌主题再现。
06：57	尾声	钢琴家用键盘大部分的音域弹奏管琶音表现主题材料。这是一段以浪漫曲的旋律动机为基础的尾声。乐章在钢琴简短而渐渐逝去的音符中轻柔地结束。

12.2.7　标志性音乐家：路德维希·凡·贝多芬

路德维希·凡·贝多芬（Ludwig van Beethoven，1770—1827 年）出生于德国波恩的一个音乐家庭，祖父是波恩选帝侯宫廷的乐长，父亲是宫廷歌手。贝多芬的父亲一心想让他成为第二个"莫扎特"，所以从小就对他进行了严格的音乐训练，用一种粗暴残忍的方法强迫他每天学习音乐，但这种高压下的音乐学习并没有给贝多芬的音乐之路带来多少有益的影响，直到他遇到了宫廷管风琴手尼弗，才开始了他不同寻常的音乐之路。尼弗是一位学识渊博的宫廷乐师，贝多芬 12 岁时，在尼弗所在的乐队任助理管风琴师，与之相识，随后开始向尼弗学习音乐。尼弗从不强迫贝多芬学习，而是鼓励他发展自己的音乐才能，并教授他弹奏巴赫的钢琴曲，所以贝多芬的早期作品中都多少带有一些巴赫的影子。1792年，巴赫来到维也纳，拜海顿为师，学习他的音乐理论，之后又转入作曲家约翰·阿布雷茨贝格和安东尼奥·萨里埃里门下继续学习。1795 年，贝多芬在维也纳首次登台演奏了他的《降 B 大调第二钢琴协奏曲》，获得极大反响，成为了当时首屈一指的钢琴家。正当贝多芬的音乐事业如日中天时，却传来了他即将失聪的噩耗，在自杀未遂之后，贝多芬决定要"扼住命运的喉咙"，继续从事写作，在耳聋的情况下，创作出了《英雄交响曲》、《钢琴奏鸣曲》、《悲怆奏鸣曲》等传世不朽的名作。被世人尊称为"乐圣"。

贝多芬的作品反映出强烈的爱国主义热情，追求"自由、平等、博爱"的理想，为浪漫主义时期音乐的发展开辟了道路。

12.2.8　代表作品：《第九交响曲》

《第九交响曲》是贝多芬的最后一部交响乐作品，创作于 1823 年，当时正是卡尔斯巴德决议后欧洲的自由民主运动遭到血腥镇压的黑暗时期，在这样的背景下，贝多芬写下了充满欢乐与光明的《第九交响曲》，表达了他渴望自由，追求欢乐的崇高理想。乐曲在维也纳克伦特纳托尔剧院首演时，获得空前的反响，掌声连绵不断，但背对听众的贝多芬对此毫无反应，直到乐队中有人牵着他转过身，他才"看到"了听众的欢呼。整部作品由四个乐章组成，其中第四乐章是根据德国诗人席勒的《欢乐颂》谱写而成。

12.2.9　代表作品：《第五交响曲》第一乐章

代表作品《第五交响曲》第一乐章介绍如表 12-3 所示。

表 12-3

时间	乐段	详　解
00：00	①呈示部第一个主题	在一阵狂怒中开始，弦乐器和单簧管奏出一个紧凑的主题。开头著名的四音符旋律"梆—梆—梆—梆"，是整个乐章的基础。贝多芬把它叫做"命运在敲门"。
00：45	呈示部第二个主题	圆号骄傲地宣布第二主题的开始。第二个主题是一个新调，作品一直保持这个调，直到呈示部结束。第二主题以同样的三个快速的"梆—梆—梆"音开始，听众已经在这一主题的开头听到过了，但现在这些音符后面是三个长音符。
01：25	复奏	愤怒的四音符主题又开始了，完全像开头一样。事实上听众现在听到的是整个呈示部从头开始的全部反复。
02：49	②展开部	当展开部开始时，圆号以最大音量奏出四音符主题，弦乐部分加以模仿。
04：08	③再现部	整个乐队作了爆发（不像开头时那样只是弦乐器和单簧管）。这里是四音符主题的两次陈述，每次都有一个有力的延长音，仿佛是贝多芬向天空挥舞拳头。
05：46	尾声	正当听众以为音乐即将结束时（就像在呈示部末尾所作的那样），音乐却继续进行。一直在进行！强度继续增大，贝多芬把听众带进这一乐章的尾声。四音符主题一再出现；音符以疯狂的、猛打猛冲的节奏一再重复。
06：56	最后终止	自然和音乐的所有力量都集中在这一乐章中。两次四音符主题的陈述，每一次都有震动地球的持续音。然后，贝多芬用一系列简明的敲击结束了这一乐章。

12.2.10　代表作品：《第六交响曲》（田园）

第一乐章。贝多芬的《第六交响曲》因其乡土风情而获得"田园"的命名。大自然中散发的淳厚气息为这部作品提供了创作源泉。而作曲家不时地在作品中传达这种氛围。也不像维瓦尔第在《四季》中那样单纯表现乡村音响，而是将人作为要素贯穿并加以体现。这不是对大自然的简单描述，而是把人——乡村中的人作为刻画的重点。大自然不仅唤起了他心中的崇敬之情，还令他倍感喜悦、感恩和欢欣。

乐器编配：短笛、2 支长笛、2 支双簧管、2 支单簧管、2 支大管、2 支圆号、2 支小号、2 支长号、定音鼓、第一小提琴、第二小提琴、中提琴、大提琴、低音提琴。

代表作品《第六交响曲》（田园）第一乐章介绍如表 12-4 所示。

表 12-4

时间	乐段	详　解
00：00	①呈示部第一个主题	乐曲的引子呈现出第一乐章的主题，令人们想到春回大地，处处显出一派生机。主题在小提琴上初现端倪。第一乐章大部分的素材，木管是旋律还是节奏，都来自这个主题，它派生出了三支旋律。
01：35	呈示部第二个主题	主题的第二支旋律非常欢畅，它的清新气息与整部作品的氛围十分契合。

续表

时间	乐段	详 解
01：58	模进	呈示部结束之前的第三支旋律由小提琴奏出，整个乐队为之伴奏。这支旋律采用了终止式，呈示部到此结束。
02：19	②展开部	作品的展开部在主题衍生出的动机上开始，这是一支由小提琴演奏的上行旋律，这支旋律自第一小提琴、第二小提琴轮番演奏，显得颇为活跃。两个动机在木管乐（长笛、双簧管、单簧管和大管）各声部之间互相传递。
05：18	③再现部	全乐队完整演奏主题，音乐进入再现部，又洋溢出春天的清新气息。
07：59	尾声	尾声开始时出现主题，各乐器以弦乐声部轻声的和弦为背景，轮流演奏这个主题。

第二乐章。乐器编配：短笛、2 支长笛、2 支双簧管、2 支单簧管、2 支大管、2 支圆号、2 支小号、2 支长号、定音鼓、第一小提琴、第二小提琴、中提琴、大提琴、低音提琴。

代表作品《第六交响曲》（田园）第二乐章介绍如表 12-5 所示。

表 12-5

时间	乐段	详 解
00：00	呈示部第一个主题	如果说，第一乐章唤起了人们初到乡村与自然亲近的喜悦之情，那么贝多芬写第二乐章的目的，就是为了表达人们在溪边听到的声音，比如潺潺的水声（弦乐），鸟儿的歌声（小提琴与木管）。这些动机是作曲家为了再现自然界的声音而创作的。第二乐章的主要主题由小提琴奏出，其余弦乐组辅以和声支持，而这些弦乐器构筑的流畅悦耳的旋律型，仿佛是回应被微风吹拂的水波。
01：01	呈示部第二个主题	在对主题作出的回应中，可以听见一支工整的舞曲风格的旋律，它非常精致，但与之前的大自然的情趣并不相悖。这段旋律自木管和小提琴演奏。
04：20	连接段	小提琴演奏先前的旋律，以此作为过渡，继而发展了第二乐章的主题素材。
04：37	展开部	主题以双簧管和长笛的对话加以呈现，弦乐以潺潺流水给以烘托。
07：24	第一个主题再现	主题由长笛奏出，弦乐表现流水的动机，配器比呈示部里更为丰满。
08：33	第二个主题	大管和大提琴演奏次旋律。
10：06	尾声	进入简短的尾声，弦乐充满欢喜地回顾乐章的和声和主题动机。

第 13 章　浪漫主义时期（公元 1760—1870 年）

§13.1　浪漫主义时期的建筑艺术

浪漫主义是 18 世纪中期到 19 世纪下半叶在欧洲广泛流行的一种文艺思潮。这种思潮崇尚自然天性，追求个性的自由，反对在资本主义制度下用机器来生产工艺品，主张用中世纪的自然艺术形式来与古典艺术相抗衡。艺术形式自由奔放，复古夸张。

浪漫主义最早出现在英国，其发展史分为两个阶段：先浪漫主义时期（18 世纪 60 年代到 19 世纪 30 年代）和哥特复兴时期（19 世纪 30 年代到 19 世纪 70 年代）。先浪漫主义时期是浪漫主义的第一个阶段，为了满足小资产阶级希望逃离城市的工业喧嚣，回到原来作坊式的生活方式的心理渴求，和旧封建贵族对于宗教礼法森严的中世纪的怀念，这一时期的文学艺术以追求中世纪田园牧歌似的情趣为主。建筑上则表现为模仿中世纪、东方的园林宗教寺庙的建筑风格。如英国的草莓山庄，如图 13-1 所示。哥特复兴时期是浪漫主义的第二个阶段，随着拿破仑大帝国梦的覆灭，欧洲掀起了一场以中世纪的宗教文化为代表的复兴运动，复兴运动使得哥特式的教堂建筑又再次流行起来。这一时期的浪漫主义已发展成一种创作潮流，可以称之为浪漫主义的繁荣期，由于这一时期的建筑以模仿哥特式风格为主，因而被叫做"哥特复兴"。"哥特复兴"不仅表现在教堂建筑上，一些学校

图 13-1　草莓山庄（资料来源：《外国建筑史实例集①》，王英健，2006）

和世俗性建筑中都有体现。如剑桥大学圣约翰学院和 1887 年建成的曼彻斯特市政厅,如图 13-2、图 13-3 所示。

图 13-2　剑桥大学圣约翰学院(资料来源:《外国建筑史实例集①》,王英健,2006)

图 13-3　曼彻斯特市政厅(资料来源:《中外建筑史》,章曲,李强,2009)

标志性建筑:巴黎歌剧院。巴黎歌剧院建成于 1874 年,坐落在巴黎歌剧院大道的尽端,建筑面积约 11400m²。歌剧院正立面模仿巴黎卢浮宫东廊的构图,一层为拱廊,其上装饰有意大利巴洛克晚期风格的艺术雕刻,二层为双柱廊,柱高 10m,柱式为科林斯式。歌剧院拥有长 55m、宽 55m、高 60m 的舞台空间,以及可以容纳 2160 名观众同时观看歌剧的 5 层马蹄形观众厅包厢。歌剧院内部装饰极尽豪华与繁琐,其中最著名的当属用大理石建造的门厅的大楼梯间。可以说巴黎歌剧院是现代建筑产生以前,世界上最大并且最豪华的歌剧院之一。如图 13-4 ~ 图 13-6 所示。

图 13-4　巴黎歌剧院（资料来源：《外国建筑史实例集①》，王英健，2006）

图 13-5　巴黎歌剧院楼梯（资料来源：《中外　　　　　图 13-6　巴黎歌剧院内部（资料来源：《中外
建筑史》，章曲，李强，2009）　　　　　　　　　　　建筑史》，章曲，李强，2009）

§13.2　浪漫主义时期的音乐艺术

　　音乐中的浪漫主义开始于 18 世纪末，比建筑中的浪漫主义晚了数十年。贝多芬的晚期作品，如《悲怆奏鸣曲》、《月光奏鸣曲》，可以看做是浪漫主义的先驱。浪漫主义音乐是指从 18 世纪末到 19 世纪中期，这半个世纪里，发生于欧洲的一种新音乐文化思潮，浪漫主义音乐继承了欧洲启蒙运动的思想，注重抒发人的内心情感，喜好以作曲家的主观感受来表现世界，力求在音乐与听众之间产生情感共鸣。

　　与古典主义音乐严谨规则的风格不同，浪漫主义音乐十分强调作曲家的创造性，为了达到强烈震撼的艺术效果，作曲家往往会打破传统形式，寻求新的表现方法来提高音乐的表现力，于是出现了诸如即兴曲、夜曲、叙事曲、交响诗、幻想曲、轻音乐、标题小品套曲等新音乐体裁，器乐形式也越发扩大。

除了在音乐体裁上有所创新之外，浪漫主义音乐在形式和创作手法等诸方面，也与古典主义时期有很大不同。为了反对外族侵略和民族压迫，表现渴望民族统一的爱国主义思想，浪漫主义音乐常以民间艺术作为创作素材，并注意吸收不同民族音乐的精华，使得浪漫主义音乐具有十分丰富的民族性。以致浪漫主义后期东欧和北欧出现了以振兴本民族音乐为己任的民族乐派。民族乐派被看做是浪漫主义音乐的一种表现形式，作曲家喜好将本民族的民歌和舞曲应用到交响乐中，并以历史上发生的重大民族事件作为歌剧和标题音乐的题材，以表现民族特性。音乐家代表如俄罗斯的鲍罗丁、穆索尔斯基、尼古拉·里姆斯基—科萨科夫，捷克斯洛伐克的德沃夏克，斯美塔那，波兰的肖邦，帕德雷夫斯基以及匈牙利的李斯特、多纳伊等。

浪漫主义时期的乐坛上，首次出现了女作曲家的身影，如舒曼的妻子克拉拉·维克和法国女性塞西尔·查米娜德，她们既是作曲家，又是杰出的钢琴家，创作过近百首音乐作品，在当时的英、美、法等国极受欢迎。同时，作曲家也不再依附于宫廷和贵族阶级，成为了自由职业者。

13.2.1 标志性音乐家：弗朗兹·舒伯特

弗朗兹·舒伯特（Franz Seraphicus Peter Schubert，1797—1828 年）是浪漫主义乐派的创始人之一，他出生于维也纳近郊的利奇坦索尔，从小就跟随父亲学习小提琴，11 岁时进入维也纳宫廷教堂学校的唱诗班担任小提琴手，在那里接触到了海顿、莫扎特、贝多芬等音乐圣杰的作品。14 岁时，他师从于宫廷的音乐总监安东尼奥·萨利埃里学习作曲，开始创作奏鸣曲、变奏曲等体裁的音乐。1812 年，他创作了艺术歌曲这种新音乐体裁，并使之具有与歌剧、交响乐同样高的音乐地位，因此闻名于世，被称为"艺术歌曲之王"。之后，他离开唱诗班，进入一所教师学校担任助教，在此创作了他的第一部交响曲，以及《魔王》、《野玫瑰》、《纺车旁的格雷岑》等千古不朽的名作。1818 年，舒伯特来到维也纳，成为"自由"音乐家，此后一直未有正式职业，也无法在公开的音乐会上露面，仅依靠出卖作品所得的稿酬为生，创作出包括《鳟鱼》五重奏以及轻歌剧《孪生兄弟》在内的 600 余部作品。虽然舒伯特的著名作品无数，但一生贫困，在他短暂的 31 年生命中，甚至连一个爱人都没有。他的作品也一直不被接受，1822 年创作的三幕歌剧《阿方索与埃斯特雷特》30 年后才得以首次演出，《魔王》直到创作完成后的第五年才有出版社愿意无版税发行，晚年的音乐杰作《冬之旅》也只卖出了每曲一弗洛林的版权费。虽然生活艰辛，但舒伯特的作品中仍充满了对生命和爱情的浪漫幻想，给人无限的乐趣和美好的希望。

13.2.2 代表作品：《冬之旅》

《冬之旅》是舒伯特在去世前一年，以德国诗人威廉·米勒的 24 首诗作为歌词，创作的一部声乐套曲。全曲由 24 首歌曲组成，描写了一个被世人抛弃，满目沧桑的流浪汉，在冰天雪地的寒冬里回忆着过去的美好往事，面对着如今的残酷现实，想象着今后的迷茫未来所表现出来的无助与凄凉，充满着欲哭无泪的悲哀和漂泊无依的无奈，包含了舒伯特对身处于当时黑暗社会的知识分子前景的担忧，也是他对自己人生的总结。

这 24 首曲子的民族风味十分浓郁，其中第五首《菩提树》更是被当做民歌而广为流传，在歌声与旋律的互补中体现了诗与音乐的完美结合。

13.2.3　代表作品：《A 大调五重奏“鳟鱼”》

第一乐章　有活力的快板。五重奏乐器编配：钢琴、小提琴、中提琴、大提琴、低音提琴。

代表作品《A 大调五重奏”鳟鱼“》第一乐章介绍如表 13-1 所示。

表 13-1

时间	乐段	详　解	
00：00	引子	五重奏的引子里，勾勒出第一主题的旋律。开始时，五件乐器演奏充满活力的 A 大调和弦，钢琴以琶音加以衬托。这一分解和弦是第一乐章呈示部主题主要部分的主导动机。之后小提琴、中提琴和大提琴勾勒出第一主题的轮廓。这个分解和弦般的动机，由三件乐器以对应形式先后奏出。钢琴演奏终止式，其他乐器跟上，引出呈示部的主题。节奏由此变得更为活泼。	
00：46	呈示部第一个主题	呈示部	第一小提琴演奏主题，钢琴以分解和弦伴奏，中提琴、大提琴和低音提琴给出和声与旋律音型。小提琴与钢琴始终在对话，钢琴演奏主题，小提琴奏出分解和弦。
01：29	过渡		五件乐器演奏下行音阶作为转调过渡段，经过反复后便是第一主题的终止式。
01：52	呈示部第二个主题		大小提琴的对话揭示出第二主题和声的雏形。跟第一主题的处理手法一样，这一主题在下一段中才完全出现。同时，钢琴上的分解和弦与主题保持一致的风格。
03：53	主题的呈示部结束，进入展示部		钢琴上出现另一个调性，然后回到结束段落。主题的呈示部结束，进入展开部。
04：18	展开部第一个主题	展开部	舒伯特采用了第一主题（形式与引子相同）的旋律素材，用弦乐营造出平静的氛围，与呈示部的激动情绪形成对比。这支旋律自钢琴重复时稍有变化，然后由低音提琴演奏，钢琴为之伴奏。情绪变得激昂，然后展开部又转换了调性。
06：16	第一个主题再现		第一主题再现，诸要素与乐章开头完全相同。
07：23	第二个主题再现	再现部	第二主题再现，由大提琴和小提琴奏出。
09：00	尾声		钢琴用激动的颤音演奏转入连接段，进入尾声结束这个乐章。

13.2.4　标志性音乐家：罗伯特·亚历山大·舒曼

罗伯特·亚历山大·舒曼（Robert Alexander Schumann，1810—1856 年）是继天才莫扎特之后的又一音乐神童。他出生于德国萨克逊州茨维考城的一个商人家庭，父亲是图书出版商，家族中几乎无人拥有音乐才能，但舒曼从小就表现出了极高的音乐天赋，他6岁时跟随镇上的乐师学习音乐，7岁便创作出了音乐作品，10岁就能够即兴演奏，其音乐天赋完全不输于莫扎特。16岁时，舒曼的父亲去世，他被母亲送到莱比锡大学学习法律，业余时间跟随弗雷德里克·维克学习钢琴，随后转学到海德堡大学。20岁时，舒曼说服母亲，开始专习音乐。舒曼一心想成为钢琴演奏家，于是他急于求成地用一种拉长手指的机械装置来加强右手机能，造成了右手第三根手指的永久性损伤，因而不得不放弃钢琴家的梦想，转向音乐创作。主要作品有：声乐套曲《诗人之恋》、《桃金娘》，钢琴套曲《幻想曲集》、《童年情景》、《蝴蝶》、《维也纳狂欢节》，以及《A 小调钢琴协奏曲》、《曼弗雷德序曲》，等等。除了音乐之外，舒曼也酷爱文学。1834 年，他在莱比锡创办了《新音乐杂志》，并担任杂志编辑，进行音乐评论。舒曼在发表的杂志文章中抨击了当时庸俗的音乐现象，表达了自己远见卓识的观点，并推荐了许多新近作曲家的作品。1854 年，舒曼由于长期受到幻觉的折磨而企图在莱茵河跳河自杀，被渔民救起，在疯人院度过两年之后去世。

13.2.5　代表作品：《童年情景》

《童年情景》是罗伯特·亚历山大·舒曼创作于 1838 年的一部钢琴套曲，由 13 首小曲组成，表现了成年人对于童年生活的回忆。乐曲创作手法洗练，生动逼真地描绘了儿童的神态形象和内心活动，带有因童年逝去的淡淡惆怅。13 首小曲所反映的儿童形象各不相同，分别为《异国和异国的人们》、《奇异的故事》、《捉迷藏》、《孩子的请求》、《心满意足》、《重大事件》、《梦幻曲》、《炉边》、《竹马游戏》、《过分认真》、《惊吓》、《孩子入眠》、《诗人的话》。其中《梦幻曲》最为大家所熟悉，经常被改编成各种独奏曲进行演奏。舒曼用诗一般的浪漫旋律，表现了儿童天真、纯洁的美妙幻想，抒发了对于童年生活的憧憬。

代表作品：《梦幻曲》。特点：亲切、舒畅，如梦似幻。其介绍如表 13-2 所示。

表 13-2

时间	乐段	详　解
00：00	第一个乐句	琶音旋律一直上行，直到最高处，才出现一条新的、简洁的旋律。
00：13	第二个乐句	梦境也上升到了最高。
01：02	发展部	象征了梦境的自由。
01：39	第一个乐句	主题在原调上重现。

13.2.6　标志性音乐家：弗雷德里克·弗朗西斯克·肖邦

弗雷德里克·弗朗西斯克·肖邦（Fryderyk Fanciszek Chopin，1810—1849 年）是波兰著名的作曲家、钢琴家。他出生于华沙近郊的热内拉佐瓦沃拉，父亲是一名法裔教师，母亲是当地的贵族，有着较好的音乐修养。由于自幼受到母亲的音乐熏陶，肖邦很早就表现出高超的音乐才能。他 7 岁时，开始跟随当时著名的音乐教师维芩克·韦恩学习钢琴，同年发表了他的第一首音乐作品，8 岁时就在公众前演奏了波西米亚作曲家埃达伯特·盖罗维茨的钢琴协奏曲，10 岁时已创作了好几部音乐作品。1826 年，肖邦进入华沙音乐学院学习作曲，在这里结识了许多爱国主义进步人士，并创作出《克拉科维克》回旋曲，成为当时华沙有名的钢琴家和作曲家之一。1829 年，肖邦来到维也纳，在那里举办了两场音乐会，均受到极大欢迎。1830 年，华沙起义失败，肖邦满怀悲愤的写下了《革命练习曲》这部作品，并潸然离开了他热爱的祖国，来到法国巴黎，一直到去世时都未曾再回过波兰。在巴黎的时间里，肖邦创作了大量具有波兰民族精神的作品，表达了他对祖国的无限怀念和强烈的爱国热情。1849 年，肖邦完成了他的最后一首作品——带有波兰民间特色的玛祖卡舞曲后，因肺结核逝世于巴黎。人们按照他的遗愿，将华沙的泥土撒在他的棺木上，并将他的心脏运回祖国波兰。

肖邦创作的音乐以钢琴作品为主，具有鲜明的民族个性和浪漫的抒情风格，代表作有《英雄波兰舞曲》、《g 小调第一叙事曲》、《c 小调革命练习曲》以及《一分钟圆舞曲》，等等，被称为"浪漫主义的钢琴诗人"。

13.2.7　代表作品：《C 小调革命练习曲》

《c 小调革命练习曲》创作于 1831 年，是肖邦在从维也纳去法国的途中，经过斯图加特时，听闻华沙起义失败，俄国人统治华沙的消息后，满腔悲愤创作的一首充满愤怒和悲伤的钢琴练习曲，因而又名《华沙的陷落》。乐曲用复三部曲式写成，不仅具有高难度的演奏技巧，还有着深刻的思想内容，是练习曲中的名作。

代表作品：《降 D 大调前奏曲（No15）》是最优美的一首。尽管有着较长篇幅，但该曲的结构却最为单纯，仅有单一的一个中心形象。右手流露出压抑而伤感的主题旋律，而左手始终以简单的伴奏支撑。这部作品介绍如表 13-3 所示。

表 13-3

时间	乐段	详　　解
00：00	第一主题	
01：01	第一主题的反复	引子主题乐句之复述。
01：28	第二主题	左手控制着触键的力度，在右手反复音型的伴奏下较拘谨地接过主题旋律。这里是乐曲的核心。这首前奏曲之所以有时被称为"雨滴"，正是因为这时出现的对比主题。
03：38	第一主题	第一部分主题——抒情的悲歌再度响起。

13. 2. 8　标志性音乐家：弗朗兹·李斯特

弗朗兹·李斯特（Franz Liszt，1811—1886 年）是浪漫主义时期最杰出的音乐家之一，他出生于匈牙利的雷丁一个叫做多勃良的小村子里，6 岁时开始学习钢琴，9 岁时就以异于常人的音乐天赋获得一些贵族的青睐，而得到去维也纳向当时的钢琴名师卡尔·车尔尼学习钢琴的机会，12 岁时开始跟随意大利作曲家安东尼奥·萨列里学习作曲，16 岁时定居巴黎，在这里结识了交响乐大师柏辽兹、小提琴大师帕格尼尼和钢琴诗人肖邦，受到他们音乐理念的影响，开始探索浪漫主义的音乐道路。同时李斯特还在欧洲进行巡回演奏，以娴熟的钢琴演奏技巧和对乐曲力度和深度的完美表现获得广泛好评，闻名全欧。1848 年，李斯特担任魏玛宫廷乐长，开始进行全面的音乐创作，在此期间创作出了《浮士德交响曲》、《但丁交响曲》、《超级练习曲》、《旅游岁月》、《匈牙利狂想曲》以及 12 首交响诗（《山岳交响曲》、《塔索》、《前奏曲》、《奥尔浮斯》、《普罗米修斯》、《马士巴》、《节日的回声》、《英雄哀悼日》、《匈牙利》、《哈姆雷特》、《匈奴人的战争》、《理想》）等大量极富想像力的音乐作品。此外，他还十分注重对后辈的提携，为新生音乐的发展提供舞台。1865 年，李斯特取得神职成为神父，续而创作了许多宗教音乐，以清唱剧为主，如《基督》、《庄严弥撒》等。李斯特十分注重匈牙利的民族文化传统，其音乐作品大多具有浓郁的匈牙利风格，为民族乐派的发展创造了基础。

13. 2. 9　代表作品：《匈牙利狂想曲》

狂想曲是一种起源于 19 世纪初，以民歌曲调为主题，以民间叙事诗为题材而发展的器乐曲。

弗朗兹·李斯特共创作过 19 首《匈牙利狂想曲》，创作于 1847 年的第二首是其中最为有名的一部。第二首《匈牙利狂想曲》共分为两个部分，采用匈牙利吉普赛民间舞曲"恰尔达什"体裁写成。第一部分是缓慢而悲切的叙事诗部分，表现了匈牙利人民对于民族不幸的悲哀，和他们不屈不挠的顽强斗志。第二部分是急速而热烈的舞曲部分，表现出匈牙利人民热情、开朗的个性和蓬勃向上的朝气。

匈牙利狂想曲第 6 号（6'20）的确有着马托尔民歌的影响。直到 20 世纪，随着诸如作曲家巴托克和科达伊的出现，匈牙利音乐的复兴时代才开始。匈牙利狂想曲大多数来源于吉普赛音乐，是具有鲜明风格的音乐（之后被匈牙利贵族接受），通常自吉普赛传统乐队用独奏小提琴和铙钹演奏。李斯特的钢琴音乐着力于把这些乐器的独特声音融合起来。匈牙利狂想曲的节奏常常突然在快慢之间转换。如表 13-4 所示。

表 13-4

时间	详　解
00：00	狂想曲以传统的马扎尔民歌开场，带着进行曲的节奏，是降 D 大调的。除了带着骄傲的感觉，作曲家融合了其他微妙的元素，例如右手演奏细微的阿拉伯风格音乐。
01：29	这个部分更加快（急板乐章），音乐是恰尔达什（Czardas）舞曲用切分的节奏表现欢快的情绪，已改变了常规的进行曲的节奏。

续表

时间	详　解
02：10	和以前已经出现的部分相比较，第三部分是忧郁的盼诵诗，带着即兴的感觉，冲入了迅速上升和下降的音阶。
04：07	随着诵诗的主题被改变，音乐有了速度，变得欢快。穿插一些复杂的八度音阶，双手演奏得越来越快，把音乐演奏到了一个快速的结尾。

13.2.10　标志性音乐家：彼得·伊里奇·柴可夫斯基

彼得·伊里奇·柴可夫斯基（Peter Ilyich Tchaikovsky，1840—1893 年）是俄罗斯历史上最著名的作曲家之一，他出生于俄罗斯乌拉尔的沃特金斯克一个富有的知识分子家庭，由于母亲对钢琴的热爱，所以柴可夫斯基从小受到音乐的熏陶，对音乐有着特别的爱好。柴可夫斯基早年曾被送到圣彼得堡的一个律师学校学习法律，并在司法部工作了 4 年，但对于音乐的热爱，使他辞去了律师的职务，转行成为了一名音乐家。1863 年，柴可夫斯基进入圣彼得堡音乐学院学习作曲，先后跟随扎列姆巴和安东·鲁宾斯坦学习曲式和配器。1865 年，他从音乐学院毕业后，便进入尼古拉·鲁宾斯坦创建的莫斯科音乐学院担任和声学教授。在此期间，柴可夫斯基结识了"俄罗斯强力集团"的五位成员，接触到他们的音乐思想理念，却没有响应他们的号召，加入民族主义的阵营，但仍创作了许多具有民族主义倾向的作品，如歌剧《总督大人》、《禁卫兵》和《铁匠瓦库拉》，交响曲《冬日的幻想》以及钢琴套曲《四季》，等等。1881 年，柴可夫斯基离开莫斯科音乐学院，开始以指挥家的身份在国外巡回演出。1893 年，柴可夫斯基创作了他人生中的最后一部交响乐《第六（悲怆）交响曲》，仅仅在首演之后的第 9 天后，柴可夫斯基便因病去世了。

柴可夫斯基的音乐作品不仅通俗易懂，还有着深刻的民族性，表达了人们对于美好生活的渴望和俄国知识分子在沙皇亚历山大三世独裁统治下的苦闷心情，具有浓郁的俄罗斯风格。代表作品有剧《黑桃皇后》、《叶甫根尼·奥涅金》，芭蕾舞剧《天鹅湖》、《睡美人》、《胡桃夹子》，《第一钢琴协奏曲》、《小提琴协奏曲》、《第五交响曲》以及管弦乐《罗密欧与朱丽叶》等。

13.2.11　代表作品：《第六（悲怆）交响曲》

《第六（悲怆）交响曲》是柴可夫斯基人生中的最后一部交响乐，也是他一生中最成功的作品。这部作品创作于 1893 年，此时俄国正处于沙皇独裁统治下的最黑暗时期，乐曲交织着现实的黑暗、未来的美好以及人生的恐怖与绝望，强烈地表现出了柴可夫斯基对生活的美好追求和现实带给他的巨大压力。全曲共分为四个乐章，悲伤的气氛贯穿始终，因而又被称为《悲怆交响曲》。

在第一乐章中，柴可夫斯基表达了人在面对命运时的痛苦；第二乐章，则表达的是甜蜜与细腻的温情；第三乐章，展现的是不安分的活力；第四乐章，传统的快板终曲被悲哀的柔板——死亡的预兆所取代。第一主题如同沉痛悲伤的挽歌，由第一小提琴奏出，并由木管乐器长音继续，乐章笼罩在一片悲怆的氛围中。实际上，这正是作曲家自己的安魂曲。

乐器编配：短笛、2 支长笛、2 支双簧管、2 支单簧管、2 支大管、4 支圆号、2 支小号、3 支长号、大号、定音鼓、锣、饶、大鼓、第一小提琴、第二小提琴、中提琴、大提琴。作品介绍如表 13-5 所示。

表 13-5

时间	乐段	详　解
00：00	第一主题	受伤灵魂的呼叫。
02：22	第二主题	圆号开始呈示第二主题，圆号在低声区奏出"膨，膨，膨"的声音，这是心跳的声音。
03：59	展开部	渐强爆发为痛苦的最强音，由打击乐器强调。
04：45	再现部	弦乐器演奏过渡段，回到了第一主题，悲怆的情绪现在由圆号和长号的长音加强了，悲痛达到了高潮。
07：20	尾声	不祥的一记锣声拉开了终曲的序幕，乐队全体的恸哭，情绪的最后爆发，然后音乐似乎又声嘶力竭地掉了下去。
09：25	结尾	一切东西都降下来了，一阵阵最后的喘气声，以及心脏停止跳动的声音。

第 14 章 近现代时期（1900 年起至今）

§14.1 近现代时期的建筑艺术

18 世纪中叶，欧洲爆发了工业革命，这场以机器生产代替手工劳动的技术革命促使欧洲各国的经济、政治、文化、科技以空前的规模迅猛发展。建筑业在出现了钢铁、玻璃等多种新型建筑材料的同时，也出现了前所未有的新功能和新技术。新的建筑材料和技术的出现，解决了建筑形式上的难题，为建筑师提供了新的造型手段，似乎与建筑有关的所有想法都成为可能，引发了建筑史上的一次大革命。在这场革命中，"实用、功能、经济"渐渐成为建筑业新的审美标准，建筑从此走上了一条全新的发展道路。

1851 年，在伦敦世界工业产品博览会上展出的"水晶宫"推开了新建筑的大门。这是一座由钢铁和玻璃构成的展览馆，设计人帕克斯顿是一个园艺师，他依照花房温室和铁路站棚的样式设计了这幢建筑物。水晶宫外形简单，是一个有着曲面拱顶的长方形建筑物，除了玻璃和铁架外，外部没有任何多余装饰，帕克斯顿在整座建筑物的材料应用上用钢铁和玻璃取代了传统建筑材料——石料和砖块，在施工技术上用铆钉、螺栓的连接取代了传统的施工方法——叠砌技术，并且所有的建筑构件都是在工厂按尺寸预制后，再在工地像机器一样现场装配的，这些在建筑领域革命性的创举，预示了之后建筑发展的方向。如图 14-1 所示。

图 14-1　水晶宫（资料来源：《中外建筑史》，娄宇，2010）

　　19 世纪 50 年代，在英国出现了一场反对粗制滥造的机器制品，追求手工艺制品的艺术效果和自然材料的美的"工艺美术运动"。这场运动的创始人之一——莫里斯的住宅"红屋"就是这场运动在建筑上的代表作。"红屋"建造在肯特，设计师菲利普·韦布在建筑的平面设计上并没有遵循旧的对称建筑形制，而是根据功能需要将建筑物设计成了 L 形，并且大胆摈弃了建筑外立面的一切装饰，而仅仅用当地的一种红砖进行建造，表现出材料本身的色彩。如图 14-2 所示。"工艺美术运动"追求功能、天然造型的建筑风格与"水晶宫"预制装配的风格完全不同，是现代"乡村风格"的起源。继工艺美术运动之后，19 世纪 80 年代，在比利时的布鲁塞尔又兴起了一场旨在创造出一种全新的、非常规的、能反映工业时代精神的艺术风格的"新艺术运动"。这场运动是现代建筑发展过程中的一个重要转折点，激发了建筑师的自由创造精神，使欧洲建筑形式开始了真正意义上的彻底变革。在建筑中"新艺术运动"主要反映在室内装饰上，主张用植物形的自然曲线和纹样来进行装饰，追求清新简洁的效果。例如西班牙建筑师高迪设计的巴塞罗那米拉公寓，利用植物图案作为装饰，反映了新艺术运动的特征，如图 14-3 所示。1871 年，美国芝加哥发生大火，整个城市的大部分建筑都被烧毁了，为了解决重建城市时城市中心用地紧张的问题，高层建筑应运而生，由此出现了探讨高层建筑的造型问题和新技术的应用问题的"芝加哥学派"。"芝加哥学派"肯定了建筑中功能和形式之间的主从关系，使建筑艺术反映了新时代工业化的特点，创造了金属框架结构和箱型基础，为现代建筑的发展摸索了道路。1894 年建造的 16 层的里莱斯大厦是芝加哥学派的著名作品，这幢建筑同时具有先进的高层框架结构和古典的装饰，并以其纯净的比例和完全的透明性而闻名于世，如图 14-4 所示。1907 年，德国为了提高工业制品的质量，使之能与英国在国际的商品市场上相抗衡，出现了"德意志制造联盟"。"德意志制造联盟"认为建筑应该与工艺相结合，现代的建筑结构工艺应当在建筑中得到体现，是现代建筑与设计的直接先驱。1911 年，"德意志制造联盟"的建筑师代表格罗皮厄斯为法古斯鞋厂设计的法古斯工厂，因简洁、轻快的造型和隐形支柱的玻璃幕墙呈现出来的明净空透感，以及无角柱的转角窗处理，充分表现了现代建筑的外形特征，而被认为是第一座真正的现代建筑，标志着新建筑的真正开始。如图 14-5 所示。

图 14-2　红屋（资料来源：《中外建筑史》，章曲，李强，2009）

图 14-3　米拉公寓（资料来源：《外国建筑史实例集③》，王英健，2006）

图 14-4　里莱斯大厦（资料来源：《外国建筑史实例集③》，王英健，2006）

图 14-5　法古斯工厂（资料来源：《外国建筑史实例集③》，王英健，2006）

　　1914 年，第一次世界大战爆发了，这次战争给欧洲经济造成了空前的破坏，迫使建筑开始朝着讲求实用、禁止浮夸的方向发展，扼制了古典主义手法的蔓延，再加上第一次世界大战结束后，科学技术的进步以及人们生活方式的巨大改变，促使新的建筑思潮异常活跃，从而在美术和文学艺术的角度提出了表现主义派、未来主义派、风格主义派、构成主义派等新建筑流派，这些流派虽然在建筑观点和设计上都有过一些创新性的探索，但由于没有形成系统的观念，所以存在的时间都很短。1928 年，格罗皮厄斯、勒·柯比西埃等来自 8 个国家的 24 位新派建筑师在瑞士拉撒拉兹集会，建立了名为"国际现代建筑协会"（CIAM）的组织。他们致力于研究建筑的工业化、建筑土地的有效利用、生活区域的规划设计以及现代城市的建设问题，把新建筑运动推向了前所未有的新高潮，形成了主导世界建筑潮流数十年的现代建筑派。建筑四大师格罗皮厄斯（德国）、密斯·范·德·罗（德国）、勒·柯比西埃（法国）和赖特（美国）是新建筑运动的主要支持者，他们设计的包豪斯学校校舍（格罗皮厄斯）、流水别墅（赖特）、朗香教堂（勒·柯比西埃）、巴塞罗那展览会德国馆（密斯·范·德·罗）都是现代主义建筑的杰作。如图 14-6 ~ 图 14-8 所示。

　　1939 年，德国入侵波兰，开始了第二次世界大战，给参战各国的建筑造成了极大的损失。第二次世界大战结束后，由于美国的经济援助以及科学技术的发展，使得欧美诸国的经济复苏很快，经济的复苏带来了城市的建设，各国建筑师的创作活动也因此增多，设计思想异常活跃，除正统的现代主义建筑之外，产生了丰富多彩的建筑造型，形成了多元化的建筑风格。如追求粗野主义的马赛公寓大楼（勒·柯比西埃）、表现高科技时代"结构美"的蓬皮杜国家艺术与文化中心（理查德·罗杰斯和伦佐·皮埃罗）、讲求个性与象征的环球航空公司候机楼（沙里宁）以及追求典雅主义的巴黎卢浮宫玻璃金字塔（贝聿铭）。如图 14-9 ~ 图 14-12 所示。

图 14-6　包豪斯学校校舍（资料来源:《中外
　　　　建筑史》，章曲，李强，2009）

图 14-7　朗香教堂（资料来源:《外国建筑史
　　　　实例集③》，王英健，2006）

图 14-8　巴塞罗那展览会德国馆（资料来源:《外国建筑史实例集④》，王英健，2006）

图 14-9　马赛公寓（资料来源:《外国建筑
　　　　史实例集③》，王英健，2006）

图 14-10　巴黎卢浮宫玻璃金字塔（资料来源:
　　　　　《中外建筑史》，章曲，李强，2009）

图 14-11　蓬皮杜国家艺术与文化中心（资料来源：《中外建筑史》，章曲，李强，2009）

图 14-12　环球航空公司候机楼（资料来源：《外国建筑史实例集④》，王英健，2006）

　　随着时间的推移，人们开始反思现代建筑中"少就是多"、"形式追随功能"等理论的正确性，20 世纪 60 年代，一股批判现代主义建筑观点和风格的风气开始兴起，许多建筑师开始了新的建筑创作方向的探求，后现代主义、新理性主义、新地域主义、解构主义、新现代纷纷出现，给现代主义之后的建筑打下了深刻的烙印。历史在前进，事物在发展，新的建筑风格将不断出现，吸引着人们的眼球。可以肯定的是，现代的建筑风格已进入了全球性的多元化阶段，开始了百花齐放、百家争鸣的新局面。

　　标志性建筑：流水别墅。流水别墅位于美国宾夕法尼亚州匹兹堡市郊区一处地形起伏、草木繁盛的峡谷中，该建筑背临溪峡，空悬在溪水从橄岩跌落形成的瀑布上方，与流水、山石和树木自然的融合成一体，仿佛是从地里生长出来一般，被国际建筑界誉为建筑史上最伟大的艺术杰作之一，堪称现代建筑的经典。如图 14-13 所示。

　　流水别墅的设计者是现代主义建筑四大师之一的赖特（1867—1959 年）。赖特出生于美国威斯康星州，他的一生经历了现代建筑运动的各个阶段，对现代建筑的发展有着卓越的贡献。赖特在大学中攻读的是土木工程专业，19 世纪 80 年代后期才转而从事建筑活动，曾进入芝加哥学派建筑师沙利文与爱得勒的建筑事务所工作，但赖特对于芝加哥学派

图 14-13 流水别墅（资料来源：《中外建筑史》，娄宇，2010）

宣扬现代工业化城市的观点持否定态度，所以他很少设计摩天大楼，别墅和小住宅是他设计最多的建筑类型。这些小住宅和别墅外形大多以美国中西部草原地区的地方农舍为基础，采用当地传统的砖、木、石为材料，具备大出檐、坡屋顶的浪漫主义田园风格，被称为"草原式住宅"。之后，在"草原式住宅"概念的基础上，赖特又发展出了"有机建筑"理论。赖特认为："一切美均来源于自然，建筑设计应尊重自然，每栋建筑物都应顺应自然、表现自然，以达到最佳境界。"（《品读世界建筑史》）这便是有机建筑理论的思想基础。

流水别墅是"有机建筑"理论的代表作品，该建筑原本是赖特为匹兹堡市百货公司老板考夫曼设计的一栋私人别墅，后来由于别墅太受世人瞩目，每天游人如织，考夫曼便将该建筑捐献给国家作为公共财产。整个别墅分三层，每一层的平台都前后错叠，利用钢筋混凝土结构的悬挑能力，远远的悬伸在空中，飞腾于晶莹流泻的瀑布之上，各层的大小和形状各不相同，有的地方被玻璃围隔，有的地方则围以石墙，形成开敞或封闭的室内空间。别墅外部的竖向石墙均用当地灰褐色的石材砌筑，上面的山岩纹理凹凸起伏，具有粗犷的山野情趣。别墅的室内地面均采用当地盛产的片石进行铺设，壁炉前还保留有一块天然岩石，一棵大树从建筑物中窜出，伸向天空，营造出淳朴自然的效果。整幢建筑与自然环境相互渗透，融为一体。如图 14-14、图 14-15 所示。

图 14-14　流水别墅三层平台（资料来源：《外国建筑史实例集③》，王英健，2006）

图 14-15　流水别墅褐色石材（资料来源：《外国建筑史实例集③》，王英健，2006）

§14.2　近现代时期的音乐艺术

19 世纪末，在欧洲出现了一股名为"印象主义"的新艺术思潮，这股思潮首先流行于文学和绘画领域，主张从大自然中吸取创作题材，忽略对象实体的具体内容，而用色彩和光影变化制造出的朦胧、隐晦的艺术效果来表现大自然给人带来的瞬间印象。这股思潮很快便发展到了音乐领域，萌生出了以德彪西为代表的印象主义音乐。印象主义乐派主要集中在法国，该乐派注重于用多种新颖自由的旋律、节奏、调式以及和声形式和配器手法来对乐曲色彩进行描绘，刻画出抽象和朦胧的感觉，其代表人物主要有德彪西、拉威尔、杜卡等法国作曲家，由于该乐派在音乐风格和形式上的大胆探索，预示了一个新音乐时代的到来，所以可以说该乐派是连接浪漫主义音乐和现代音乐的桥梁。

紧接着印象主义音乐之后，奥地利音乐家勋伯格又创立了表现主义音乐。作为现代音乐的第一个流派，表现主义音乐在创作思想上与印象主义音乐有着明显的不同，该流派注重于用音乐表现事物在我们内心深处的主观感觉，比如疯狂、绝望或焦虑不安，而不是客观印象，并用无调性、无主题性等作为音乐的表达方法，创作了"12 音体系"法，打破了旧有的传统调性规律。

第一次世界大战后，许多新音乐流派和思潮如雨后春笋般涌现出来。如意大利的"未来主义"、捷克的"微分音音乐"，等等，其中以新古典主义最具代表性。新古典主义音乐主张创作应当回归到"古典"中去，摆脱作曲家的主观意识，恢复传统调性，维持音乐的客观和中立，从而否定了表现主义的音乐审美思想。其代表人物主要有意大利作曲家布索尼和俄国作曲家斯特拉文斯基。

第二次世界大战结束后，世界音乐的形态变得更加复杂，在飞速发展的科技文化中，电子音乐、具体音乐、偶然音乐、空间音乐、镶贴音乐、噪音音乐、美国爵士乐、美国摇滚乐等众多流派相继出现，这类音乐不再充满田园般的幻想，而是力求表现现实社会的黑暗与丑陋。在这样纷繁复杂的音乐舞台上，新的音乐材料、音乐语言，音乐技法和音乐内容层出不穷，为现代音乐的发展创造了更为广阔的天地。

14.2.1　标志性音乐家：阿希尔·克洛德·德彪西

阿希尔·克洛德·德彪西（Achille-Claude Debussy，1862—1918 年）是印象派音乐的创始人。他出生于法国巴黎近郊的圣热尔门安勒，7 岁开始跟随肖邦的弟子莫台夫人学习钢琴，11 岁进入巴黎音乐学院学习作曲，22 岁时因创作清唱剧《浪子》获得罗马大奖，随后被送往罗马免费学习音乐。1887 年，他以音乐作品《春》第二次参加罗马大奖，却因音乐色彩夸张受到评审的严厉批评，他于是回到巴黎，在此期间由于受到"印象主义"诗人和画家的影响，德彪西在音乐创作上力图突破传统规则的局限，运用"平行和弦"和"泛音"等新的和声形式与配器手法，表现出乐曲色彩的流动变化，制造抽象、朦胧的效果，逐渐形成"印象主义"的美学原则，开创了音乐上的印象主义风格。

德彪西的主要作品有管弦乐曲《大海》、《牧神午后》、《夜曲》，歌剧《佩利亚斯和梅丽桑德》，钢琴曲集《意象》、《版画》、《前奏曲》、《儿童园地》，芭蕾音乐《游戏》等。

14.2.2　代表作品：《牧神午后》

《牧神午后》创作于1892 年，是德彪西根据法国印象派诗人斯蒂芬·马拉美的同名诗歌创作的一首管弦乐前奏曲。乐曲描写了一个半人半兽的牧神，在盛夏的午后，躺在树荫下休息时，幻想着自己面前出现一群跳舞的白衣仙女，又幻想着自己在埃特纳山下拥抱着维也纳女神，一想到对神的不敬会带来惩罚时，他赶紧停止想象，悄无声息的进入梦乡。

全曲共分三个部分，以木管乐器、弦乐器和竖琴演奏出若隐若现的梦幻感，具有强烈的印象派风格，是印象主义音乐的奠基之作。

14.2.3　代表作品：《大海》

代表作品《大海》介绍如表 14-1 ～ 表 14-3 所示。

三幅交响素描：

乐器编配：短笛、长笛、双簧管、英国管、单簧管、大管、低音大管、圆号、短号、小号、长号、大号、定音鼓、低音鼓、平锣、管钟、三角铁、响板、竖琴、第一小提琴、第二小提琴、中提琴、大提琴、低音提琴。

表 14-1 　　　　　Ⅰ　海从黎明到中午 非常慢（9' 09）

时间	乐段	详 解
00：02	引入段	德彪西用几乎难以听见的音乐描绘了海的黎明。定音鼓、竖琴、低音提琴，以及随后的中提琴和大提琴，都以极弱的力度演奏，使音乐的开始既宁静又神秘。
01：27	第一段落	一段快速的渐强旋律将音乐带入第一段落。弦乐先是为其伴奏，随后又退去以突出主题。
04：00	第一段落高潮	加上弱音器的圆号齐奏，富有表现力的旋律将乐曲引入下一个段落。
04：39	第二段落	大提琴被两个两个地分为四组，开始了乐曲的第二段落。演奏的主题跌宕起伏，令人注目。
07：01	过渡段	一个承接性的段落开始，将乐曲引向尾声。在弦乐光滑的伴奏中，英国管和大提琴宛如室内乐一般地演奏。
08：01	尾声	包括这个乐章三个主题的尾声开始。开始段落的主题由大管和圆号演奏，8：25开始，第一段落的主题由长笛、双簧管、单簧管和英国管演奏，同时圆号、小号和长号演奏第二段落的主题。竖琴和弦乐为之伴奏。

三幅交响素描：

乐器编配：短笛、长笛、双簧管、英国管、单簧管、大管、低音大管、圆号、短号、小号、长号、大号、定音鼓、低音鼓、平锣、管钟、三角铁、响板、竖琴、第一小提琴、第二小提琴、中提琴、大提琴、低音提琴。

表 14-2 　　　　　Ⅱ　波浪的嬉戏活跃的快板（6' 33）

时间	乐段	详 解
00：02	引入段	"波浪的嬉戏"自乐队中最"透明"的两样乐器——竖琴与管钟开始。
00：48	第一段落	引子段落结束，这个乐章的第一部分开始，主题由小提琴演奏的八度音阶开始，00：59时长笛也加入进来。
01：25	第二段落	音乐继续发展，第二部分在英国管（毫无疑问是德彪西最喜欢的乐器）的旋律中开始。长笛和单簧管作为伴奏，重复着一个节奏性很强的音乐结构。
02：15	主题再现	双簧管奏出主旋律，长笛和圆号与之应和。
05：11	高潮	虽然通常的音乐高潮都是乐队齐奏，但在这首乐曲中，此时已经是音乐最富动态的时刻，或者说是波涛最为汹涌的时候。
05：57	尾声	双簧管简短地回顾了它在第二部分中的主题。但很快，以 06：00 开始，弱音的小号、短笛和竖琴将乐由尾声引入了一个几乎像喃喃自语的总结。

三幅交响素描：

乐器编配：短笛、长笛、双簧管、英国管、单簧管、大管、低音大管、圆号、短号、小号、长号、大号、定音鼓、低音鼓、平锣、管钟、三角铁、响板、竖琴、第一小提琴、第二小提琴、中提琴、大提琴、低音提琴。

表 14-3 　　　　　　Ⅲ　海与风的对话　活跃而喧闹的（8′16）

时间	乐段	详　解
00：01	引入段	听出这是一个阴云密布、波浪滔天的日子。音乐开始是定音鼓和大鼓极为平静的滚动。然后，大提琴和低音提琴以一个威胁性的陈述进入，德彪西把它标明是"生动而喧嚣的"。威胁性的陈述重复，重复，再重复。
01：26	呈示段 回旋曲	第一个段落，有点类似于回旋曲。弦乐器低沉地奏出大海在逐渐沸腾起来。由此开始，木管声部以颤音奏出可爱而世俗的主题，音乐仍然色彩丰富。
03：25	再现段 回旋曲	4 只圆号奏出沉着而庄严的旋律，背景是闪烁的弦乐器，使人记起了大海令人害怕的力量。（记住这一主题，因为它还要以不同的样子返回。）这一主题的乐句，同懒散的、疲倦的、像微风吹拂的小提琴轮流奏出。 当音乐再次静下来，转调的圆号带领音乐进入过渡段，随后弦乐引领乐队再现原来副主题的旋律。
04：55	再现段 回旋曲	副歌的主题重现。
06：10	对比段	在酝酿着什么东西。圆号、小号和拨弦的弦乐器在警告你；然后加弱音器的小号独奏旋律又来了，比以前快得多，也紧迫得多。 一个新的对比段开始了。和第一乐章里的一样，06：16 的导入段由小号来演奏主题。循环的主题是另一个连接这三个乐章的元素。
07：02	再现段 回旋曲	白浪再次滔天而来，我们再次感到正在海上旅行。弦乐器提供有节奏的细浪声，定音鼓沉着而不断地敲击，让我们一直紧张不安。整个乐队的声音变得激烈起来。 回旋曲的主题又出现了，极弱而清晰地由双簧管和中音双簧管奏出。一股无法抑制的渐强乐音持续到最后。
07：50	尾声	整个音响强调了大海的力量和美。风使大海发狂，波浪滔天；音乐在惊心动魄的结尾中冲击着听众。最后一个章节又由小号来演奏。再一次伴着狂热的背景音乐，强音奏出了短促的终结乐句，为这篇美丽的大海赞歌锦上添花。

14.2.4　标志性音乐家：莫里斯·拉威尔

莫里斯·拉威尔（Maurice Ravel，1875—1937 年）是与德彪西齐名的法国印象主义作曲家，他出生于法国西南边境的比利牛斯，7 岁时开始学习钢琴，14 岁进入巴黎音乐学院，由于拉威尔在作曲中的叛逆风格，因而不受老师喜欢，后跟随福列学习作曲。福列是一个思想开放的音乐家，他经常鼓励拉威尔发扬自己的音乐个性，给日后拉威尔音乐风格的形成产生很大影响。在此期间，拉威尔创作了管弦乐曲《西班牙狂想曲》、《鹅妈妈组曲》、《波莱罗舞曲》，小提琴曲《茨冈》，《小鸣奏曲》和《弦乐四重奏》，歌剧《西班牙时光》，芭蕾音乐《达芙妮与克洛亚》等乐曲。第一次世界大战时，拉威尔成为一名汽车运输公司的救护车司机为国家服务，1916 年，因病返回巴黎，两年后在巴黎逝世。

拉威尔的作品具有浓郁的西班牙风格和鲜明的和声色彩，配器技巧高超，能充分发挥每个乐器的独特性能，有着"管弦乐配器大师"的美誉。

14.2.5　代表作品：《波莱罗舞曲》

乐器编配：2 支长笛、短笛、2 支双簧管、柔音双簧管、英国管、3 支单簧管、低音单簧管、2 支大管、低音大管、4 支圆号、4 支小号、3 支长号、大号、3 支萨克斯管、定音鼓、鼓、钢片琴、竖琴、第一小提琴、第二小提琴、中提琴、大提琴、低音提琴。代表作品《波莱罗舞曲》介绍如表 14-4 所示。

表 14-4

时间	乐段	详　解
00：00	节奏基础	小鼓敲出舞曲节奏，中提琴和大提琴暗示 18 世纪的西班牙舞曲。
00：12	中心主题，第一部分	长笛率先奏出统领全曲的 C 大调主题旋律。接下来该主题会由乐队所有乐器和声部接连演奏。这一主题分为 A 和 B 两部分，现在听到的是第一部分 A 的前半部分。
00：32	中心主题，第二部分	长笛奏出第一部分 A 的后半部分。
00：59	单簧管	竖琴加入伴奏，演奏波莱罗节奏。大管演奏 B 部分主题，经由转调后又回到原调。
01：44	竖琴、大管	A 部分由单簧管在雕刻。加入小鼓和大提琴伴奏旋律，由此在伴奏上形成一个坚强的过程。
02：31	单簧管	B 部分由降 E 调单簧管吹出。
03：18	大管	大管加入伴奏。柔音双簧管即主题的 A 部分。第一与第二小提琴和低音提琴拨奏作伴奏。
04：04	圆号	圆号奏出节奏性的固定音型，随后 A 部分由长笛和加弱音器的小号奏出。拉威尔组织器乐的方式，营造出独特的音色。
00：49	次中音萨克斯	威尔钟爱的次中音萨克斯管奏出 B 部分旋律，这种乐器在现代乐队中不常见到。弦乐、两支长笛、小号和鼓持续演奏波莱罗节奏，为主题伴奏。
05：35	高音萨克斯	两支双簧管和英国管加入。最高音萨克斯管奏出 B 部分旋律。最后部分由高音萨克斯管奏出，只是最高音萨克斯管的高音域基本听不见。

时间	乐段	详　解
06：20	短笛、圆号与钢片琴	两支短笛、F调圆号和钢片琴展示新的音色*，奏出 A 调旋律。音乐自此出现不协和音程，作曲家一心想让作品展示异国风情。两支单簧管加入伴奏。
07：05	英国管和2支单簧管 双簧管、柔音双簧管	小提琴和中提琴开始以琶音伴奏，制造戏剧效果。A 部分开始由木管奏出（双簧管、柔音双簧管、英国管和两支单簧管）。
07：50	长号	长号用简短的滑音奏出 B 部分旋律。弦乐停止琶音，利用重音突出节奏。
09：21	小提琴、木管、鼓	小提琴声部首次在木管的伴奏下演奏 A 部分旋律。定击鼓加入，强调基本节奏。
10：06	乐队	第一小提琴与第二小提琴轮流演奏 A 部分旋律，由定音鼓、低音大管、圆号、竖琴、中提琴、大提琴和低音提琴伴奏。
10：54	大号	小号加入 B 部分旋律，大号加入伴奏。
11：36	长号与大提琴 高音萨克斯	最高音萨克斯管、长号和大提琴加入。
12：21	萨克斯与第一小提琴 小号、长笛	木琴和弦乐加入伴奏，两支小号、长笛、萨克斯管和第一小提琴准备演奏 A 部分旋律。
14：05	大鼓与锣	大鼓进入，控制节奏。
14：15	乐队	全体乐队齐奏音阶，以 C 大调的和弦结束全曲。

复习与思考题 2

1. 试写出巴洛克时期、浪漫主义时期、现代主义时期某些建筑与音乐的建筑细部处理、音乐的特点，并总结出其时间特性。

2. 试比较古埃及、古希腊、古罗马、中世纪、文艺复兴时期、巴洛克时期、浪漫主义时期、现代主义时期建筑与音乐的特点、与宗教的关系以及历史思想根源等。

3. 预测一下将来的建筑与音乐会向什么方向发展。

4. 比较一下浪漫主义时期的文学、建筑、音乐、舞蹈、绘画、雕塑，它们有什么共同特点？

5. 比较一下巴洛克时期、浪漫主义时期、现代主义时期的歌剧的舞台设计和音乐特点。

6. 分析一下为什么瓦格纳不但在歌剧器乐、声乐方面做了改革，对于剧场也做了彻底的修建。

第三篇　建筑与音乐的空间脉络

　　老子在《道德经》里讲过这样一段话："埏埴以为器，当其无，有器之用，凿户牖以为室，当其无，有室之用。"这段话用来解释建筑中的空间很恰当，即在建筑中，人们真正要用的，不是别的，而是立围墙、盖屋顶所形成的空间。建筑是一种人造的空间，其本质的意义和价值就在于这一"无"的空间中的。音乐也有着相似的空间概念，音与音之间的结构关系以及弦行进间的法则上都有着空间的存在。而建筑风格和音乐风格在不同地域相合，就共同组成了建筑与音乐的空间脉络。

第 15 章　欧洲地区的建筑与音乐

§15.1　法国建筑与音乐的地域性特征

15.1.1　法国建筑的地域性特征

法国（La France），全称为法兰西共和国，位于欧洲西部，与比利时、卢森堡、德国、瑞士、意大利、摩洛哥、安道尔和西班牙接壤，隔英吉利海峡与英国隔海相望。

法国充满着浓郁的浪漫主义文化气息，拥有众多享誉国际的文化和艺术，也有许多闻名世界的名胜古迹。从巍然耸立的凡尔赛宫到质朴凝重的巴士底古堡，从哥特式的巴黎圣母院到罗马式的凯旋门，从代表法兰西古代文明的卢浮宫到象征现代巴黎的蓬皮杜国家艺术文化中心，以及积淀着浓厚法国文化的香榭丽舍大街。这些文化遗产包含了许多光荣与屈辱的故事。

法国建筑大多造型严谨，采用古典主义建筑风格，使用古典柱式，内部装饰华丽丰富。由于法国的首都历史十分悠久，所以法国具有许多地域性特征的建筑。

1. 特征建筑：巴黎凯旋门

巴黎并非只有一座凯旋门，但其中最负盛名的当属坐落在香榭丽舍大街西端的沙佑山丘上的那座星形广场（即夏尔·戴高乐广场）凯旋门。这座凯旋门是拿破仑为纪念奥斯特里茨战役而建造的。凯旋门由夏尔格兰设计，并于 1836 年 7 月落成。如图 15-1 所示。

图 15-1　星形广场凯旋门（资料来源：百度百科，听海泣）

这座凯旋门高 50m，宽 45m，厚 22m，是欧洲所有凯旋门中最大的一座。这座全部由石头建成的凯旋门，没有柱或壁柱，仅以两座高墩作为支柱。凯旋门的四面各有一门，门内刻有与拿破仑一同远征的 286 名将军和 96 场胜战的名字，凯旋门上刻有 1792—1815 年间的法国战事史，外墙上则刻有四幅以战争为题材的巨型浮雕，如图 15-2 所示。其中刻于北面右侧石墩上的《马赛曲》是所有浮雕中最精美的一幅。该浮雕刻画的是 1792 年义勇军出发远征的情景，其生动的形象，和异常高大的尺度，使该浮雕显得格外的壮观。其他三幅浮雕《胜利》、《抵抗》、《和平》也都各具特色。

凯旋门建成后，由于交通拥堵，到 19 世纪中期，又在此修建了圆形广场，并将 12 条放射状的林荫大道交汇于此。从凯旋门向下俯视，这些宽大的街道如同星星所发出的光芒一般。因而，凯旋门又称为"星门"。如图 15-3 所示。

图 15-2　星形广场凯旋门上的浮雕（资料来源：搜狐网-开心人的博客）　　图 15-3　星形广场（资料来源：互动百科，浔阳涂龙，2007）

2. 特征建筑：埃菲尔铁塔

在巴黎的任何一个角落都可以看到一座由许多分散的金属碎片组成的"高塔模型"，这就是埃菲尔铁塔。如图 15-4 所示。

埃菲尔铁塔坐落在巴黎市中心塞纳河南岸的战神广场上，是为纪念法国大革命一百年而建的一座镂空结构铁塔。埃菲尔铁塔建成于 1889 年，得名于其总建筑设计师斯塔夫·埃菲尔，是世界上第一座钢铁结构的高塔。铁塔占地 1 万 m^2，高 300 余 m，从塔底到塔顶共有 1711 级阶梯。塔分为三层，每层平台分别在距地面 57m、115m 以及 276m 处，建筑结构在第三层开始收缩，使其外形形成了一个倒写的字母"Y"。除了四个塔墩使用钢筋水泥之外，铁塔的全身都是用钢铁构成，共用去钢铁 7 000t，并使用金属部件 1.8 万余个，铆钉 250 万只。直到纽约帝国大厦的出现，埃菲尔铁塔一直是世界上最高的建筑。

如同巴黎建造的其他创新建筑一样，埃菲尔铁塔在建造初期也遭到了强烈的反对，被

图 15-4　埃菲尔铁塔（资料来源：《中外建筑史》，娄宇，2010）

讽刺为"空洞的烛台"和"难看的骨架子"，认为这一剑式铁塔会破坏巴黎的建筑风格。由于埃菲尔铁塔在无线电通信联络方面做出的重大贡献，人们才渐渐接受了它。如今埃菲尔铁塔被视为巴黎的象征，被称为法国的"铁娘子"。埃菲尔铁塔甚至还有一个美丽的名字——"云中牧女"。

3. 特征建筑：巴黎圣母院

巴黎圣母院是法国中世纪著名的天主教大教堂，其典型的哥特式建筑风格和内部精美的雕刻、绘画艺术使巴黎圣母院具有无与伦比的历史地位。而真正使巴黎圣母院闻名于世的，是有着热情的吉卜赛少女和善良的驼背敲钟人的法国文豪雨果的同名小说。书中，雨果满怀激情的将巴黎圣母院比喻成"一首石头的交响乐"。

巴黎圣母院坐落在巴黎市中心的塞纳河中西岱岛的东南端，始建于 1163 年，历时182 年，于 1345 年全部建成。教堂平面长 130m，宽 48m，中厅高 32.5m，可以同时容纳9000 人进行宗教活动。教堂内藏有 13 世纪—17 世纪的大量艺术珍品。

教堂的造型非常精美壮丽，其中最为壮观之处当属教堂的外正立面，也就是其西立面。教堂的西立面自下而上分为三层，底层并排了 3 座尖拱内凹的大门，拱券上排列着天使。门上是一长条壁龛，排列着耶稣先祖 28 位国王的雕像，被称为"国王回廊"。中间一层是直径为 12.6m 的圆形玫瑰花窗，寓意天堂，这是哥特式教堂的重要特征，两侧立有两个尖券型花窗，如同主教身旁的两位神甫。再向上是一长条雕花石柱，最上面一层则是一对高 60m 的塔楼。粗壮的墩子将塔楼和玫瑰花窗分隔开来，而壁龛和雕花石柱这两个长条形的横向装饰又将它们连成了一个整体。引用雨果的话来描述，就是"高高的回廊、细长的柱子、沉重的平台……所有部分和谐地融合为一华丽的整体，巴黎圣母院以宏伟的 5 层，有层次地展现在人们的眼前，通过无数的建筑单元表现了雕刻家、石匠的辉煌工作。巴黎圣母院并不纷乱，因为所有单元的尺度都完美的吻合整体的安宁和有序……"。如图 15-5 所示。

　　作为一座典型的哥特式教堂，巴黎圣母院外部高高耸立的尖塔、挺拔修长的柱子、尖尖的拱券，以及内部引人仰望的垂直线条，直刺天空，无一不体现着一种向上的升腾感，再加上从彩色玻璃窗所透视下来的幽暗、闪烁的光线，似乎这里就是与"上帝对话"的地方。所以巴黎圣母院也成为了法国国王的加冕教堂，就连拿破仑也曾在这里为自己加上皇冠。如图 15-6 ~ 图 15-8 所示。

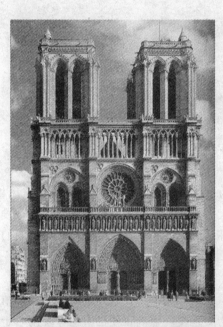

图 15-5　巴黎圣母院西立面（资料来源：《中外建筑史》，娄宇，2010）

图 15-6　巴黎圣母院的飞券结构（资料来源：《外国建筑史实例集①》，王英健，2006）

15.1.2　法国音乐的地域性特征

　　美国的汉森在他的《20 世纪音乐概论》一书中曾这样描写法国的巴黎，"巴黎从来不仅是生活在塞纳河畔的人们的拓居地，因为历代以来巴黎总是象征着很多事物——中世纪的活力、文艺复兴时期的优雅、巴洛克时期的华丽、浪漫主义时期的热情、我们时代（20 世纪）的 dernier cri（最新花样）。在每个时代里，全世界的艺术创作家们都发现巴黎是一个天生适合工作的地方，而且从阿伯拉尔时代以来，巴黎一直是学者们的圣地"。的确，法国是一个不断追求创新的国家，从 17 世纪以来法国就是各种音乐流派的引领者。

图 15-7　巴黎圣母院（资料来源：《外国建筑史实例集①》，王英健，2006）

图 15-8　巴黎圣母院彩色玻璃窗（资料来源：《外国建筑史实例集①》，王英健，2006）

音乐中的印象派、具体音乐、整体序列主义都是在此开创。可以说法国是世界的音乐中心，法国对世界音乐的发展有着深远的影响。著名的作曲家克劳德·德彪西和被誉为钢琴王子的理查德·克莱德曼都是法国人。

　　音乐是最能打动人心的艺术，法国音乐浪漫而又美好。作为古典音乐的殿堂，法国音乐往往会为我们带来浪漫的情调和对逝去岁月的美好记忆，让人回味无穷。而法国的现代流行音乐，虽然在时代感中经历了外来元素的融合与冲击，却一如往昔地保留了音乐语言中优美的旋律和浪漫的情调，延续了法国音乐特有的迷人魅力。

1. 巴黎凯旋门关联音乐：葬礼与凯旋交响曲（柏辽兹）

《葬礼与凯旋交响曲》创作于 1840 年，是作曲家柏辽兹为纪念法国 1830 年"七月革命"阵亡的烈士而作。柏辽兹是法国浪漫主义乐派的代表人物之一，1803 年柏辽兹出生于法国南部小镇，在贫困饥寒的一生中，他创作了新型的"标题交响乐"，强调音乐的标题性内容，其代表作品有《幻想交响曲》、《葬礼与凯旋交响曲》，柏辽兹同浪漫主义作家雨果以及浪漫主义画家德拉克洛瓦一起，并称为浪漫主义三杰。

《葬礼与凯旋交响曲》原用于将烈士遗体迁葬到巴士底广场的仪式上，后又多用于队列行进中演出，因为是在露天演出，所以乐队编制非常庞大。例如 1846 年 7 月，在巴黎露天游艺场的演出就动用了 1800 余人。

这部作品极其悲壮雄伟，表现了"七月革命"后广场上人们的欢庆与葬礼上肃穆的场景，乐曲共分为三章。一开始，管乐队便奏出了森严与悲痛的葬礼进行曲，表明英雄离开了我们。长号独奏的节奏与乐队壮丽的和弦颂扬了烈士浴血奋战的英勇气概，引领人们回顾了巴黎街头的那三天巷战。最后，号声齐鸣，暗示天国的大门已向烈士们开启；合唱的赞美诗响起，表明烈士们将在天堂过上幸福、快乐的生活，全曲达到高潮，并在颂歌中结束。

2. 巴黎凯旋门关联音乐：马赛曲（鲁日·德·李尔）

《马赛曲》原名《莱茵军进行曲》，是法国大革命时期斯特拉斯堡市卫部队的工兵上尉鲁日·德·李尔于 1792 年创作的。当时法国正同奥地利交战，《莱茵军进行曲》激昂的旋律极大地鼓舞了士兵们的斗志，在这首军歌的作用下，马赛的队伍以势如破竹之势一路向前挺进，所以这首曲子深受马赛士兵的喜爱，一到巴黎就高唱这首曲子。于是，巴黎人便将之称为《马赛曲》。1795 年 7 月 14 日，《马赛曲》成为了法国国歌。

《马赛曲》整首乐曲既拥有古典主义的严谨，又带有浪漫主义的激情，听后令人热血沸腾。仿佛胜利女神正指引着高喊战斗口号的士兵们前进。1915 年，法国总统普安卡雷发表讲话说："《马赛曲》是一个不愿意屈膝于外国的民众发出的复仇和愤怒的呐喊。"《马赛曲》是共和国之歌和革命之歌，凝聚了渴望自由的民众的心声。这首曲子如同大炮一般振奋人心的旋律刻下了与那悲壮的历史同名的经典。

3. 埃菲尔铁塔关联音乐：英雄（贝多芬）

贝多芬是德国音乐家，其作品反映出强烈的英雄气质，追求"自由、平等、博爱"的理想。

贝多芬降 E 大调，第三交响曲《英雄》是贝多芬的九部交响曲中他最喜欢的一部，也是贝多芬最著名的代表作之一。整部作品的氛围虽深沉严肃但却贯穿着欢乐的情绪，乐曲共有四个乐章，分别暗示了战争、葬礼、胜利和欢庆的场面中英雄的性格。其中第二乐章"葬礼进行曲"极为著名，经常单独演出。

贝多芬在这个作品中第一次打破了维也纳交响乐的模式，在曲式结构与和声节奏上进行了革新，如用葬礼进行曲作为第二乐章，用谐谑曲作为第三乐章来体现革命斗争和胜利的形象，都是之前从未有过的。这首曲子标志着古典主义音乐艺术的大变革。音乐家保尔·亨利·朗在《西方文明中的音乐》一书中评价这首曲子是"文艺中不可思议的奇迹之一，是一位作曲家在交响乐的历史和整个音乐史上迈出的最伟大的一步。"

《英雄》完成于 1804 年春，原名为《拿破仑·波拿巴大交响曲》，欲献给贝多芬心目中的民主英雄拿破仑，然而正当作品完成之际，却传来了拿破仑即将称帝的消息，盛怒之下的贝多芬，愤然撕去手稿上写有题词的封面，将曲名改为了《英雄交响曲，为纪念一位伟人而作》。

4. 巴黎圣母院关联音乐：巴黎圣母院音乐剧（理查德·科奇安特）

《巴黎圣母院音乐剧》取材于雨果的同名小说，由法裔加拿大剧作家吕克·普拉蒙东和音乐家理查德·科奇安特在 1996 年合作完成，是一部拥有 59 段音乐，40 余首歌曲，长达 3 个小时的大型音乐剧。

《巴黎圣母院音乐剧》的剧情较为忠实于原著，没有做大幅度的删减，只是省略了原著中的一些细节，比如吉卜赛女郎艾斯梅拉达的身世等内容，并对剧中人物和他们的性格进行了一定现代感的深化。该剧摒弃了传统音乐剧所表现的华丽、庞大的表演氛围，而侧重于音乐本身的旋律，所以在演奏乐器上没有使用一件管弦乐器，而是全部采用电声乐器来进行演奏，因此在剧中人的感情表达上更为细腻，自然也更容易入耳。为了追求纯粹流行化的风格，《巴黎圣母院音乐剧》在演唱方法上也完全采用流行唱法，而没有运用任何的美声。在剧中，演唱者和舞者是绝对分开的，演唱者只进行歌唱，不进行舞蹈表演，舞者只用舞蹈来帮助歌手表达思想，而不唱歌。比如歌唱家在舞台前深情的唱着《心痛欲裂》这段音乐时，他身后四位舞者疯狂的舞蹈，非常贴切地表现了侍卫队的队长腓比斯同时爱上两个女人的复杂心情。整部音乐剧的道具也设计得很独特，比如结局中，艾斯梅拉达被处以绞刑的时候真的被吊在半空中，弗侯洛被加西莫多从钟楼顶端推下时也是从顶楼楼梯翻滚而下。这些与传统音乐剧所不同的表现形式，体现了法国人追新求异的特质，使该剧独具法国气息。

§15.2 英国建筑与音乐的地域性特征

15.2.1 英国建筑的地域性特征

英国是一个由英格兰、苏格兰、威尔士和北爱尔兰组成的联合王国，位于大不列颠群岛。首都伦敦是一座非常多元化的城市，既拥有古典的贵族气质，又极富现代气息，永远走在艺术潮流的尖端。

长期以来，人们对英国悠久的历史、优雅的气质、贵族的血统以及无处不在的神秘向往不已。由于英国一直延续着君主立宪制的政治体制，所以英国对欧洲的贵族传统和生活方式保存得十分完好，并留有为数众多的城堡和庄园。这些保存下来的贵族城堡和乡村宅邸大都雍容奢华，异常美丽，彰显着贵族的荣耀，而且许多延续了数十代的世袭家族仍将这些城堡或宅邸作为聚居地繁衍生息，使城堡拥有鲜活的生命力。

尽管比起法国、罗马来说，英国在历史古迹的整体保护以及新旧建筑的结合方面都稍逊一筹，但英国仍保留了包括威斯敏斯特宫、温莎古堡以及白金汉宫，等等，众多有着重要历史意义和文化价值的建筑遗产。而英国人闻名于世的"保守"作风，也使他们的现代城市充满了传统古典建筑中严谨、有序、突出轴线的构图和造型。

1. 特征建筑：威斯敏斯特宫

威斯敏斯特宫建于公元 750 年，坐落在泰晤士河的西岸，占地 8 英亩，原是国王的宫室，现为英国国会上议院和下议院的所在地，所以威斯敏斯特宫也被称为议会大厦或国会大厦。如图 15-9、图 15-10 所示。

图 15-9　威斯敏斯特宫模型（资料来源：《中外建筑史》，章曲，李强，2009）

图 15-10　威斯敏斯特宫全景（资料来源：《外国建筑史实例集①》，王英健，2006）

　　威斯敏斯特宫是英国哥特式复兴建筑的主要代表。这座宫殿立面全长 280m，由数座塔楼组成。在三座主要塔楼中，宫殿西南角的维多利亚塔最高，为 104m；正中的一座八角形塔楼最矮，为 91m。宫殿东北角立有高 98m 的方塔钟楼，即著名的"大本钟"。钟楼顶部装有重达 140t 的矩形四面时钟，钟面直径 7m，钟摆重达 305kg，是全英国最大的钟，由一位叫本杰明·霍尔的公共事务大臣监制，故被命名为"大本"。这座大本钟每过一小时就会击打一次，自 1859 年 5 月开始，就在为全英国整点报时。1923 年起，更通过英国国家广播电台向全世界播报时间。如图 15-11 所示。

图 15-11　威斯敏斯特宫钟塔（资料来源：《外国建筑史实例集①》，王英健，2006）

威斯敏斯特宫是英国历代国王举行加冕登基仪式和婚礼庆典的地方，所以宫殿内装饰十分精美，陈设了大量艺术珍品。宫殿内部空间很大，光是走廊就有 4.8km 长，同时这里也被作为英国王室的陵墓，最后一个在这里举行葬礼的英国王室是戴安娜王妃，许多伟人包括牛顿、达尔文、丘吉尔等也安葬在这里。

2. 特征建筑：白金汉宫

白金汉宫位于威斯敏斯特城内詹姆士公园的西边，建于 1703 年，因是白金汉公爵所建而得名。1761 年白金汉宫被乔治三世为其妻买下，经改建后，于 1837 年维多利亚女王即位起，正式成为王宫，维多利亚女王在此居住直至 1901 年逝世，此后白金汉宫一直是英国历代君主居住的寝宫。如图 15-12 所示。

整个皇宫是一座四层楼的长方形灰色建筑，门窗、窗台和屋顶的雕饰都十分精致，宫内豪华的家具，大多是英、法工匠的艺术品，宫内音乐室的房顶更是用象牙和黄金装饰而成。如图 15-13 所示。当女王在宫内时，皇宫正上方会悬挂皇室旗帜，外出则换为英国国旗。

15.2.2　英国音乐的地域性特征

英国是音乐领域的顶级大国，由于英国的音乐环境较为多元化，所以英国在音乐上的包容性很强。公元 15 世纪到 17 世纪，是英国音乐最为辉煌的时期，这一时期涌现了一大

图 15-12　英国白金汉宫（资料来源：《中外建筑史》，娄宇，2010）

图 15-13　白金汉宫内部（资料来源：《中外建筑史》，娄宇，2010）

批杰出的音乐家，他们以其独特的音乐风格和出色的创造才华享誉欧洲，并确立了之后欧洲钢琴音乐的形式。这些早期作曲家中，以跨越哥特和文艺复兴两个时代的作曲家威廉·科尼什最为引人瞩目，他创作的《圣母悼歌》和《圣母颂》等经文歌中那些极高的高音声部，非常飘逸，给人特别突出的印象。自从他创作了这些迷人的英式宗教颂歌之后，甜美就成为了英式音乐的风格。

　　之后的年代里，英国音乐几乎没有什么很大的作为，就连有名的音乐家都很少，一直到现代乡村音乐的开创，英国的音乐才开始产生世界影响。20 世纪 60 年代，英国的利物浦出现了四人组成的"披头士"乐队，这支乐队迎合了战后新一代英国年轻人渴望文化解放的思潮，在音乐中融合了各种不同的风格和元素，给摇滚乐带来了新的变革，带动了整个英国文化的发展，影响了之后几乎每一支乐队的音乐和思想，被摇滚乐的发源地美国戏称为"英国入侵"。

1. 威斯敏斯特关联音乐：《威风堂堂进行曲》（艾尔加）

爱德华·艾尔加出生于英国伍斯特郡，是英国历史上最伟大的作曲家之一，他的音乐受到施特劳斯相当大的影响，曲式雄浑，规模巨大，但音响比之更为澄澈。其代表作有《第一交响曲》、《第二交响曲》、《安乐乡》、《威风堂堂进行曲》、《引子与快板》等。

《威风堂堂进行曲》由英国管弦乐大师艾尔加创作于 1901 年，曲名来自莎士比亚名剧《奥赛罗》中的一句台词："光荣、自豪和威风堂堂的战争"。这部作品包括艾尔加在 1901—1903 年间所写的五首短小的进行曲，其中以第一首最为著名，流传最广。

整部作品充满恢弘大气，曲调热情而庄重，洋溢着浓厚的英国人的绅士风度，表达了英国人民对祖国的深深热爱之情。英国作家豪斯曼还为此写了一首抒情诗《希望和光荣的土地》，并将这首抒情诗作为乐曲的词。在英国国王爱德华七世的加冕典礼上，这首曲子还被作为《加冕大典颂歌》的终曲。此外，《威风堂堂进行曲》被英、美等国用于重大典礼上，可见其地位极高。

2. 白金汉宫关联音乐：《第二号交响曲》、《伦敦》（威廉斯）

沃恩·威廉斯出生于英国格洛斯特郡，是一名作曲家、指挥家和著作家，创作出了大量交响曲和歌剧，如《伦敦》、《田园》、《D 大调交响曲》、《牲口贩》、《恋爱中的约翰爵士》等。除此之外，威廉斯还十分注重音乐的传播，参与编辑了影响极大的《英国赞美诗》。

威廉斯的《第二号交响曲》又被称为"伦敦交响曲"，创作于 1913 年，属于标题性音乐，是沃恩·威廉斯所有交响曲中最有名的一部。威廉斯为这部作品写过这样的介绍："这部交响曲的标题，有人认为应叫做《一个伦敦人写的交响曲》。因为它绝不是描述性的音乐。尽管第 1 乐章中有'威斯敏斯特教堂钟声'的引用，慢乐章中'薰衣草叫卖声'的淡淡回忆，以及戏谑曲中口琴和机械钢琴朦胧暗示使这部交响曲有一丝'地方色彩'。"

这首乐曲总共分为四个乐章，分别描绘了伦敦街头的熙攘喧嚣；布鲁姆斯柏里广场午后的喧闹；威斯敏斯特河滨大道旁的万家灯火以及平静流动的泰晤士河上威斯敏斯特的钟声。整首乐曲仿佛是讲故事的人乘着游艇，在泰晤士河上顺流而下，游览整个英格兰，表达了对英格兰的赞美之情。

§15.3 德国建筑与音乐的地域性特征

15.3.1 德国建筑的地域性特征

德国位于欧洲西部，与波兰、瑞士、比利时与丹麦等国相邻，被莱茵河、多瑙河以及阿尔卑斯山脉环绕，并与北欧国家隔海相望。

教堂、宫殿和古堡是德国最为重要的文化遗产。由于德国古代的重要建筑多用石料建造，所以虽经过了历史的磨砺，仍有许多被保留下来。在德国大小教堂到处都是，数百年甚至上千年的古堡或宫殿各市都有，建筑风格多为罗曼式、哥特式和巴洛克式。无论是柏林的勃兰登堡门，还是波茨坦的无忧宫。或是莱茵河畔的科隆大教堂，都让人心旷神怡，仿佛置身于如诗如画的境界。

第二次世界大战期间，德国受到美、英、法飞机的轰炸，若干个重要城市都被炸成了废墟。20 世纪 70 年代，德国开始了新城市的建设。由于德意志民族理性、严谨的民族特点，所以德国现代建筑在设计上多运用几何形体和单纯的色彩对比，具有强烈的透视感，造型简约大气。许多国际化都市高尚住宅区，如纽约第五大道、伦敦切尔西区、东京新宿也受到了德国这种现代主义的建筑理念的影响。

特征建筑：科隆大教堂

科隆大教堂与巴黎圣母院和罗马圣彼得大教堂并称为欧洲三大宗教建筑，是中世纪欧洲哥特式教堂的代表作，因造型轻盈、飘逸，而被称为"上帝之屋"。科隆大教堂位于德国科隆市中心的莱茵河畔，始建于 1248 年，经过了 7 个世纪的建造，直到 1880 年才建成，是欧洲建筑史上建造时间最长的建筑之一。如图 15-14 所示。

图 15-14 科隆大教堂（资料来源：《中外建筑史》，娄宇，2010）

科隆大教堂整座建筑物占地 8 000m^2，长 144m，宽 45m，厅高 43m，全部由石材建造，共用去 40 万 t 石料。整个大教堂最引人瞩目的是由门墙联系在一起的两座高达 157m 的双尖塔，塔身四周林立着许多小尖塔。这是全欧洲最高的尖塔，数十公里外都能望见它们的身影。德国诗人海涅在《德国，一个冬天的童话》中曾描写双塔给他的印象，"那个庞大的家伙，在那儿显现在月光里！那是科隆的大教堂，阴森森地高高耸起"。塔楼内部有旋转楼梯，可通向 95m 高的观光台。如图 15-15 所示。

科隆大教堂内部的装饰也十分精美，教堂四壁上方 1 万 m^2 的彩色玻璃窗上均嵌出圣经中各种人物的图案，色彩艳丽，绚丽多彩。堂内还有许多雕刻艺术，描绘出圣经故事，对后世的雕刻有着重大影响。

图 15-15　科隆大教堂四周的小尖塔（资料来源：《外国建筑史实例集①》，王英健，2006）

15.3.2　德国音乐的地域性特征

德国，是一个为音乐而生的国家，被称为"音乐之乡"。在德国，不懂得古典音乐，会被当做没有文化修养的表现。自从文艺复兴时期的人文主义思潮产生以来，古典音乐就一直是德国音乐的主流，被当做是德国文化的精华。在德国古典音乐悠久的历史长河中出现过无数享誉世界的音乐大师，如贝多芬、巴赫、舒曼、瓦格纳、勃拉姆斯都是世界顶级的音乐家。贝多芬是德国古典乐派的代表人物，巴赫是德国钢琴协奏曲的奠基者，舒曼是德国浪漫主义音乐的代表，瓦格纳则是歌剧的创始人，而管弦乐演奏团体柏林爱乐乐团更是世界上首屈一指，长期代表着世界交响乐的最高水平。可以说，世界上无时无刻不在演奏着德国音乐家的作品。

德国人对音乐的追求是全民性的，有着丰富的音乐生活，据《明星》杂志报道称，每两个德国人中就有一个会弹奏一种乐器，每五个德国青年中就有三个会弹奏一种以上乐器。每当休闲时，德国人就喜欢聚集在一起自弹自唱。在德国的街道上还经常可以看到一些民间艺人的弹唱表演。

1. 关联音乐：《B 小调弥撒曲》（巴赫）

巴赫是德国著名的作曲家和管风琴家，他的音乐作品中包含了生活的痛苦和对幸福的向往，渗透着人文主义思想和哲学伦理意义，被敬奉为"西方音乐之父"。其代表作品有《马太受难曲》、《B 小调弥撒曲》，《勃兰登堡协奏曲》、《平均律钢琴曲集》。

《B 小调弥撒曲》是巴赫为得到"选帝侯萨克森宫廷乐队的宫廷作曲家"的称号，而为当时即将继位的选帝奥古斯特二世谱写的。这首弥撒曲是巴赫 5 部弥撒曲中最具影响力的一部。

弥撒曲是基督教在纪念耶稣牺牲的宗教仪式上演唱的歌曲。巴赫的《B 小调弥撒曲》气势恢弘，规模宏大，整部乐曲以耶稣为主要人物，演绎了圣经中《最后的晚餐》的情景。乐曲浓厚的宗教氛围，带给听众极大的空灵感，仿佛上帝就在眼前。

美国著名音乐指挥家斯托考夫斯基对《B 小调弥撒曲》评价时说："巴赫的《B 小调弥撒曲》是从一个很广泛的音域中构筑成功的，音乐的结构非常复杂而且其技术集中反映出巴赫的灵感是缓慢而很丰富地流露出来的，在巴赫笔下，把传统弥撒的段落加以扩充了，几乎在《B小调弥撒曲》中，包含了全宇宙所有的情感和意识"。

2. 关联音乐：《第三交响曲》"莱茵"（舒曼）

舒曼是浪漫主义时期的德国音乐家，他的作品常常表达出十分强烈的感情，如《诗人之恋》、《桃金娘》、《幻想曲集》、《维也纳狂欢节》等。除了音乐之外，舒曼也酷爱文学，创办了《新音乐杂志》，进行音乐评论，抨击了当时庸俗的音乐现象，并推荐了许多新近作曲家的作品。

舒曼的《降E大调第三交响曲》，创作于1850年，因是在莱茵河畔所作，所以又被称为《莱茵交响曲》。整部交响曲共有五个乐章，分别歌颂了美好的生活，描绘了莱茵河畔抒情的景致和著名的建筑物。其中第四乐章是对科隆大教堂的赞美，特别用长号表现出大教堂的庄严宏伟。在这一乐章的乐谱上，舒曼原本写着："其性质是一个庄严仪式的伴奏。"但后来又改为"一个人不应该把他的内心显示给人们，因为一部艺术作品的总印象效果更好。听众至少不会在他的脑海中引起任何荒谬的联想。"

§15.4　西班牙建筑与音乐的地域性特征

15.4.1　西班牙建筑的地域性特征

西班牙位于欧洲西南部，处于伊比利亚半岛，境内多山，是一座高山国家。西班牙四季阳光充足，十分适合户外运动，因此西班牙人天生就有一种自由奔放的个性，这使得他们的建筑外形极富想像力。如米拉公寓那纠结扭曲的铸铁栅栏，奎尔公园那明亮雀跃的马赛克拼贴，圣家族大教堂那"石头构筑的梦魇"，都是西班牙建筑奇异的艺术表现。如图15-16～图15-18所示。

图15-16　米拉公寓的铸铁栅栏（资料来源：《外国建筑史实例集③》，王英健，2006）

图15-17　奎尔公园的马赛克拼贴（资料来源：《中外建筑史》，章曲，李强，2009）

西班牙是欧洲著名的海洋国家，其海岸线总长达7 921km，位于西班牙南部地中海沿岸的"太阳海岸"，是世界六大完美海滩之一。所以西班牙建筑的核心元素之一就是"水"。西班牙的社区通常由人工形成的水系来分离内、外空间，如护城河一般，并使水系串流于社区空间中，使建筑沿水岸自由排布，从而形成"海湾式布局"。

图 15-18　圣家族大教堂（资料来源：《中外建筑史》，章曲，李强，2009）

　　自从罗马帝国统治西班牙开始，西班牙就成为了一个天主教国家，并同大多数天主教国家一样经历了凶残恐怖的"宗教裁判所"时期和反对封建神权的"宗教改革"时期，至今全国仍有百分之九十以上的教徒信奉天主教。西班牙的艺术在欧洲颇负盛名，毕加索、达利、布努埃尔、塔比艾斯、蒙塔达斯、高迪都是美术、电影、录像、建筑等艺术领域内的一代大师。其中西班牙画家、雕塑家巴勃罗·毕加索被排名为"20 世纪最伟大的十位画家"之首，他的画风多变而具有多层面的创造力，如 立体风格的《卡思维勒像》、前卫的《格尔尼卡》和另类的《怪人画》，每一幅作品都价值不菲。

　　西班牙的巴塞罗那是世界公认的将现代建筑与古代建筑结合得最完美的城市。城市中所有最著名的建筑都出自于西班牙建筑史上最伟大的建筑师高迪之手。高迪是一个建筑天才，他认为"创作就是回归自然"，成功地将大自然与建筑有机地结合在一起，创造出了米拉公寓、圣家族大教堂、奎尔公园、巴特罗之家等伟大的建筑，吸引着世界各地的人前来参观膜拜。如图 15-19 所示。

　　特征建筑：奎尔公园。奎尔公园位于西班牙巴塞罗那市区西北边的山坡上，建成于1914 年，这座公园占地 15hm^2，由西班牙最伟大的建筑师高迪设计，是巴塞罗那最著名的公园，于 1984 年被联合国教科文组织列入世界文化遗产。如图 15-20 所示。

　　奎尔公园最初曾是大投资商奎尔的私人产业，后于 1923 年起作为巴塞罗那市的公立公园开放给大众。整座公园的设计小到台阶大到房屋外形，无不体现出高迪那天马行空般的想像力。比如公园里有世界上最长的波浪形弯曲石椅，包裹着亮丽彩釉的糖果屋和马赛克瓷片拼成的彩龙喷泉以及高迪居住过的"姜糖饼博物馆"。奎尔公园内部的建筑造型大

图 15-19 巴特罗之家（资料来源：《外国建筑史实例集③》，王英健，2006）

多扭曲多变，色彩绚丽夺目，使游客仿佛置身于如童话般的世界，被人戏称为"梦幻般的表现主义公园"。如图 15-21 所示。

图 15-20 奎尔公园（资料来源：《外国建筑史实例集③》，王英健，2006）

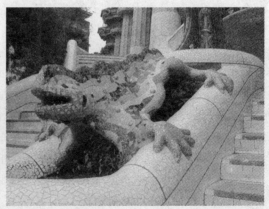

图 15-21 奎尔公园内的彩龙喷泉（资料来源：《外国建筑史实例集③》，王英健，2006）

15.4.2 西班牙音乐的地域性特征

西班牙是吉他之乡，这里的音乐元素十分丰富，最具代表性的音乐艺术是弗拉门戈，这类音乐艺术是集演奏、舞蹈和歌唱三个部分于一体的一种音乐表演，具有浓郁的西班牙民族特色。弗拉门戈来源于 15 世纪，是吉普赛人为了述说他们在逃避天主教会的迫害时所遭受的苦难生活而使用的一种音乐形式。表演中，舞者必须随着响板清脆的节奏和吉他明快的乐声，不断地用脚在地板上敲击出响声。由于弗拉门戈反映了吉普赛人的悲惨命运，所以，演唱者常常表情愤怒，音乐旋律时而忧郁哀伤，时而狂热奔放。《卡门》中女主角卡门身穿红裙，手拿响板跳的那段弗拉门戈是迄今为止最为经典的弗拉门戈。

关联音乐：《绅士幻想曲》（罗德里戈）。华金·罗德里戈是一位双目失明的盲人作曲家，在西班牙的音乐发展史上有着举足轻重的地位，他的作品包含了西班牙民间音乐的元素，旋律通俗优美，主要作品有《阿兰胡埃斯协奏曲》、《英雄颂》、《夏》、《牧歌》。

《绅士幻想曲》全名为《献给一位绅士的幻想曲》，是西班牙作曲家罗德里戈献给吉他大师安德烈斯·塞戈维亚的一首吉他名曲。这首乐曲创作于 1954 年，是罗德里戈根据西班牙作曲家桑斯为吉他独奏所写的六首短舞曲改编而成。乐曲共有四个乐章，主题均采用当时西班牙流行的宫廷舞曲风格，分别为纯朴的"村民舞曲与利彻卡尔"，"西班牙风格宫廷舞曲与拿波里骑兵队的号声"，活泼幽默的"松明舞"以及舞曲"卡纳利欧"。

罗德里戈的作品被认为是 20 世纪最流行的音乐。他曾说"我在创作音乐时，常常感到一切美好的东西，也就是作曲的主题，都应该被乐曲所保留。"在《绅士幻想曲》中，无论是生动活泼的曲调，还是古老优雅的风格，都体现了罗德里戈对生活的美好向往。

§15.5　俄罗斯建筑与音乐的地域性特征

15.5.1　俄罗斯建筑的地域性特征

俄罗斯是世界上面积最大的国家，横跨欧亚两洲，建筑形式既包含西方建筑的雄伟壮丽，又包含东方建筑的纤巧细腻。由于俄罗斯地理位置的特殊性，使得俄罗斯文化的包容性很强，所以俄罗斯建筑的形式丰富多样，汇聚了不同时代、不同风格的建筑类型，但又独具俄罗斯的民族特色。

俄罗斯教徒的百分之九十以上信奉东正教，东正教十分注重信徒自身的善心表现，极力宣扬爱与宽恕，同天主教、基督新教一起并立为基督教三大派。俄罗斯人的宗教意识十分强烈，他们认为宗教信仰可以使他们找到生命的意义并得到永生，因此东正教在俄罗斯十分繁荣，其建筑风格、绘画艺术以及宗教思想都成为了俄罗斯传统文化的组成部分。

镀金洋葱式圆顶是俄罗斯建筑的民族特点，在俄罗斯的首都莫斯科和圣彼得堡几乎随处可见。这种浑圆饱满的尖顶形式是公元 12 世纪末随着基督教的传入而开始影响俄罗斯的，由拜占庭建筑形式中的大穹隆顶改变而成。初期的穹顶呈扁圆形，后来穹隆的顶点慢慢向上拉升，中间部分的体积则向四周发展，逐渐演变成了今天我们所看到的这种尖顶形式。洋葱顶常以金色装饰，在阳光下金光闪闪。这种典雅大方的穹顶造型和明亮高贵的色彩象征了宗教建筑的无限神圣，令人心生崇敬之感。莫斯科的瓦西里大教堂和圣母升天教堂是俄罗斯洋葱式圆顶建筑的典范。

1. 特征建筑：克里姆林宫

"克里姆林宫"一词源自蒙古语，是卫城的意思。克里姆林宫建于公元 15 世纪末，坐落在鲍罗维茨丘陵上，曾是俄国沙皇的宫殿，现在则是俄罗斯国家领导人的府邸。从建成至今，克里姆林宫一直都是俄罗斯的政治、宗教、文化中心。如图 15-22 所示。

图 15-22　俄罗斯克里姆林宫（资料来源：《中外建筑史》，娄宇，2010）

　　克里姆林宫是由宫殿、教堂、钟楼、塔楼和广场组合而成的综合建筑群。宫殿由红色的围墙围成一个不等边三角形，城墙上建有 20 余座塔楼，其中坐落在东墙的斯巴斯克塔楼是所有塔楼中最壮丽的一座。

　　克里姆林宫是世界上最大的建筑群之一，宫中的每一座建筑都是人类建筑史上不可多得的杰作。克里姆林宫墙内的大克里姆林宫是俄罗斯的最高权力中心，这座宫殿建成于 1849 年，占地 20 万 m²，由俄罗斯建筑师托恩设计。建筑物为白色，正中央顶上有高出主建筑物的金色圆顶，为古典俄罗斯式，其上立有旗杆，悬挂俄国国旗。宫中最高的建筑物是伊凡大帝钟楼，钟楼高 81m，外形像一根白色的金顶石柱，由伊凡大帝建造于 1505 年，被称为"俄国的凯旋门"。

　　2. 特征建筑：瓦西里大教堂

　　瓦西里大教堂是公元 16 世纪俄罗斯建筑的代表作，这座教堂位于红场南端，是伊凡四世为庆祝在与蒙古大军的作战中取得的胜利而建。如图 15-23 所示。

　　瓦西里大教堂是一座红色的砖石建筑，建筑风格独特。整个建筑物由 9 座高低错落的塔楼组成，坐落于米字形的平面上。正中央的塔楼最高最大，为主塔，高 47m，冠有帐篷顶式穹窿。其余 8 个塔楼都较矮小，其中对角线上的 4 个最矮最小。这 8 座塔楼形态各异，塔顶都冠有洋葱头式穹窿，但色彩多变，有着红、黄、蓝各色条纹，活泼明亮。9 座相映成趣塔楼，具有强烈的节日气氛，如同童话中的城堡一般。

　　据说在教堂完工时，伊凡四世为了确保这座美丽的教堂永远独一无二，竟下令将建筑师的双眼弄瞎，以确保后继无人。

15.5.2　俄罗斯音乐的地域性特征

　　俄罗斯的音乐与俄罗斯的建筑一样有着悠久的历史。在彼得大帝改革之前，由于教会

图 15-23 俄罗斯瓦西里大教堂（资料来源：《中外建筑史》，娄宇，2010）

对文化领域的控制，禁止民众涉足于音乐，这使得公元 18 世纪前的音乐形式主要为宗教音乐。公元 18 世纪后，随着欧洲文化的不断侵入，适合大众娱乐的非宗教音乐开始流行，俄罗斯音乐也随之发展起来。

俄罗斯独特的民族音乐在世界音乐史上有着非凡的影响。由于俄罗斯横跨东西的地理位置，所以俄罗斯的音乐同时融合了东西方的特点，而俄罗斯多样的民族文化又为音乐提供了多方面的要素，再加上俄罗斯民族悲壮而又昂扬的民族性格，使俄罗斯民族音乐丰富多彩而又有其鲜明特点。

格林卡是俄罗斯民族乐派的创始人，他创作了《伊凡·苏宁》、《鲁斯兰与柳德米拉》等世界闻名的俄罗斯民族音乐，继格林卡之后，由穆索尔斯基、鲍罗丁、巴拉基列夫、凯撒·居伊和里姆斯基·科萨科夫组成的俄罗斯强力集团奠定了俄罗斯民族音乐在世界上的崇高地位。

1. 关联音乐：《在中亚细亚草原上》（鲍罗丁）

亚历山大·鲍罗丁出生于俄罗斯圣彼得堡，是新俄罗斯乐派"俄罗斯强力集团"成员之一，鲍罗丁的音乐具有强烈的民族性，极力表现俄罗斯人民的民族精神，歌颂俄罗斯英雄人物的英勇气概，具有强烈的民族自豪感。主要作品有《玛祖卡舞曲》、《在中亚细亚草原上》、《死亡进行曲》和《b 小调第二交响曲》等。

《在中亚细亚草原上》创作于 1880 年，是鲍罗丁为"俄罗斯历史活动画面配乐展览会"所作的配乐。这首作品旋律动人，意境优美，在俄罗斯民族音乐特有的轻悠辽阔的风格中加入了浓郁的东方色彩，具有十分重要的艺术价值。

　　鲍罗丁在歌曲的标题说明中详细描述了《在中亚细亚草原上》所要带给人的意境，
"在一望无际的中亚细亚草原上，隐隐传来宁静的俄罗斯歌曲，马匹和驼队的脚步声由远
而近，随后又响起古老而忧郁的东方歌曲。一支行商队伍在俄罗斯士兵护送下穿越草原，
又慢慢远去。俄罗斯歌曲与东方古老歌曲相互融合，在草原上形成和谐地回声，最后在草
原上空逐渐消失。"

　　2. 关联音乐：《1812 序曲》（柴可夫斯基）

　　柴可夫斯基是俄罗斯历史上最著名的作曲家之一，他的音乐作品不仅通俗易懂，还有
着深刻的民族性，具有浓郁的俄罗斯风格。其代表作品有《黑桃皇后》、《天鹅湖》、《睡
美人》、《胡桃夹子》、《罗密欧与朱丽叶》、《第六（悲怆）交响曲》等。

　　《1812 序曲》全名为《用于莫斯科救主基督大教堂的落成典礼，为大乐队而作的
1812 庄严序曲》，创作于 1880 年，是柴可夫斯基为莫斯科艺术工业博览会的开幕而作的
一首序曲。作品以 1812 年俄国人民战胜拿破仑军队的这一历史事件为题材。用法国国歌
《马赛曲》的片段和俄罗斯民歌《在爸爸妈妈的大门旁》分别代表攻入俄国的拿破仑军队
和热爱祖国的俄国人民，两个主题相互对比，最终俄军击溃了拿破仑军队，俄罗斯人民在
格林卡的歌剧《伊凡·苏萨宁》中《光荣颂》的主题和排炮齐鸣声中欢庆胜利。整部作
品表现出了俄罗斯人民强烈的爱国热情和不畏强暴的决心，深受俄罗斯人民的喜爱。

第16章　美洲地区的建筑与音乐

§16.1　墨西哥建筑与音乐的地域性特征

16.1.1　墨西哥建筑的地域性特征

墨西哥位于北美洲，是印第安人古老文明的中心。在墨西哥4 000余年的发展历程中，不仅孕育出了高度发达的玛雅文明，也创造出了独具印第安文化的古老建筑。如墨西哥城北的太阳金字塔和月亮金字塔就是古印第安文明的代表。

玛雅文明诞生于公元前10世纪，是中美洲印第安玛雅人在与亚洲、非洲、欧洲古代文明隔绝的条件下，独立创造的伟大文明。其遗址主要分布在墨西哥、危地马拉和洪都拉斯等地，玛雅文明繁荣的社会体系，高度精确的天文历法和数学知识，足以令全世界为之景仰。被认为是人类文明史上的一朵奇葩。

1521年西班牙殖民者占领了墨西哥，欧洲文化也随之进入到这个古老的国家，墨西哥建筑开始带有鲜明的欧洲色彩。文艺复兴、巴洛克、古典主义等不同建筑风格相继在这里出现。20世纪初，随着欧洲新建筑的出现，墨西哥开始了现代建筑的发展。色彩、绘画和雕饰是墨西哥现代建筑设计中的重要元素，在墨西哥的大街上，随处可见涂着鲜艳颜色的外墙，丰富多彩的壁画和生动夸张的雕塑。

路易斯·巴拉甘是墨西哥著名的现代建筑大师。他设计的巴拉甘公寓、拉斯阿布莱达斯住宅以及萨库拉门塔利斯教堂，再现了墨西哥民居的传统特色。1980年，巴拉甘获得被称为"建筑界诺贝尔奖"的国际普林茨凯奖。

特征建筑：墨西哥大学图书馆。墨西哥大学图书馆落成于1953年，高耸在被火山围绕的圣安赫尔高地上，是一座方整的立方体建筑。既是建筑师又是画家的胡安·奥戈尔曼在图书馆将近4 000m^{2}的四面外墙上，各覆盖了一幅巨制壁画。这四幅壁画是由不同颜色的墨西哥天然火山石镶嵌而成，并以火山熔岩的颜色作为基本色调，极具当地特色。壁画以墨西哥的历史文化变迁为主要内容。北面以墨西哥国徽上的图案为中心，象征了古印第安人的传统文明。南面以西班牙卡洛斯五世的盾徽为中心，反映了西班牙的殖民时代。西面是图书馆的正面，图案中心为墨西哥大学校徽，表现了现代墨西哥的科技文化发展。东面则以火炬等形象象征了墨西哥的未来。如图16-1所示。

墨西哥大学图书馆的建立被认为是墨西哥现代建筑在民族特色的探索道路上迈出的最重要一步。1983年，墨西哥大学图书馆被印在了墨西哥发行的2000比索纸币上。

图 16-1 墨西哥大学图书馆（资料来源：《外国建筑史实例集③》，王英健，2006）

16.1.2 墨西哥音乐的地域性特征

墨西哥的音乐如同墨西哥的文化一样具有古老的历史。早在 2000 多年前，生活在这里的印第安土著人就开始用鹿角和芦苇来制作乐器，这些乐器大多造型独特，能奏出五声音阶。演奏出的音乐内容也与他们的社会生活有着密切的联系。西班牙人统治墨西哥以后，墨西哥的音乐如同这一时期的其他艺术形式一样，与西方音乐开始了长期共存。西班牙、葡萄牙和非洲等地的音乐形式传入墨西哥，不同地域、不同民族的音乐互相融合，在印第安人自由、奔放的传统音乐风格中添加了浓郁的欧洲色彩，从而创造出特有的墨西哥音乐，展示了墨西哥民族的绚丽多彩。

哈利斯科州的"马里亚契"是墨西哥最流行的一种音乐形式，这是一支极富墨西哥民族特色的民间乐队，以巡回演唱的形式流动在大街小巷。乐队由 7~10 人组成，乐师们需身穿墨西哥民族服装，头戴大草帽进行演奏。马里亚契最早是以一种名叫马林巴的非洲木琴作为主要乐器，之后加入了欧洲乐器而逐渐形成如今这种以吉他为主的器乐组合。由于听众可以随意点奏乐曲，而且歌曲内容大多反映市民的日常生活，所以马里亚契极受民众欢迎，是墨西哥人生活中的重要部分。

1. 关联音乐：《墨西哥小夜曲》（庞塞作曲）

庞塞出生于 1882 年，是一位墨西哥作曲家。他的作品十分注重墨西哥的民族元素，被认为是墨西哥民族乐派的创始人之一。其主要作品有《小星星》、《查普特佩克》、《工笔画》和《墨西哥狂想曲》等。

谈到《墨西哥小夜曲》，恐怕没有几个人听说过，但是提到《小星星》，估计没有人会陌生。《墨西哥小夜曲》又名《小星星》，由墨西哥著名作曲家庞塞创作于 1912 年，创作灵感来源于墨西哥繁星点点的夜空。《小星星》不只是一首爱情歌曲，更是一首青春的赞歌。作者在对这首乐曲的描述中写道："这是一首深沉的思乡曲；是一首为青春即逝的哀诉曲。在歌中我凝聚着阿瓜斯卡连特斯州用碎石铺砌的小巷里的喃喃细语；我在月光下漫步时的幻想，以及我对故乡亲人的回忆"。这首乐曲本来是歌曲，由于曲调优美动人，于是庞塞在 1925 年将其改编为吉他独奏曲，之后更被人改编成了管弦乐曲。

2. 关联音乐：玛雅祭祀音乐

玛雅文明是中美洲古代印第安人文明，美洲古代印第安文明的杰出代表，以印第安玛雅人而得名。玛雅人笃信宗教，文化生活均富于宗教色彩。他们崇拜自己的神，行祖先崇拜，相信灵魂不灭。受其文化的影响，他们的音乐大多与祭祀活动有关，其创作也是以这些信仰为出发点，因此对信仰的诠释衍义是音乐的内涵重心，而音乐表达呈现的面貌则各有差异。由于这样的原因，我们不能用我们惯有的对音乐理解的角度审视这样的音乐。包括其结构、调式调性、节奏、音乐形象等，都需要我们用全新的理解去分析和感受。

§16.2　美国建筑与音乐的地域性特征

16.2.1　美国建筑的地域性特征

美国是全世界最大的移民国家，在这块土地上生活着来自不同国家、不同地区、不同民族的人，他们不仅带来了多元的文化，也带来了多样的建筑风格。但美国并不像其他受到文化入侵的国家一样，将本国文化与外来文化相融合，发展出自己的民族道路。很长时间以来，美国建筑都呈现出一种国际化倾向。正如路易斯·马姆弗德在其著作《寻根当代美国建筑》中说的那样，"就算那些看似具有原汁原味美国本土风格的小木屋，事实上也是 18 世纪从瑞典传至德拉威州的一种建筑形式。"

美国土生土长的现代建筑是由赖特创造并发展的。赖特是美国著名的现代建筑大师，他创造的"草原式住宅"，以美国地方农舍的自由布局为基础，在建筑自身比例的运用以及材料的选取上注重与周围环境相融合，彻底摆脱折中主义的范式，具有田园诗意般的风格。伊利诺伊州的威立茨住宅是这一风格的典型代表。

美国最早的建筑流派是芝加哥学派，芝加哥学派是在 1871 年芝加哥大火之后重建芝加哥时，为了在市中心有限的范围内建造更多的建筑空间，而应运而生的一个建筑流派。芝加哥学派的建筑作品以形式服从于功能作为设计理念，突出了功能在建筑中的重要地位，探讨了高层建筑中的技术应用问题，创造了高层金属框架结构和箱形结构。芝加哥学派的代表建筑师是沙利文，其代表作品为芝加哥百货公司大厦。

特征建筑：美国白宫。白宫坐落在美国首都华盛顿市中心的宾夕法尼亚大街，与高耸的华盛顿纪念碑南北相望，是美国总统的府邸，外墙因用弗吉尼亚州所产的白色砂岩石建造，故被称为"白宫"。白宫的第一任主人是美国第二届总统约翰·亚当斯。

白宫修建于 1800 年，在 1814 年英美战争中被烧毁，后经修复和不断扩建，形成了今天的规模。整个建筑由主楼和东西两翼组成，主楼底层有大厅、图书馆、地图室等，其中大厅呈椭圆形，作为外交接待之用，二层是总统及其家人的居所，内有林肯卧室，著名的《解放黑人宣言》就是在此签署的，主楼西翼是办公区，内有总统办公的椭圆形办公室，东翼供游客参观之用。如图 16-2 所示。

图 16-2 白宫（资料来源：百度图片-百度百科）

16.2.2 美国音乐的地域性特征

美国没有固有的文化传统，美国音乐的形成与发展，与生活在这里的各国移民的音乐文化有着莫大的联系，美国音乐是在这些包含了黑人音乐、欧洲传统音乐以及各国民间音乐的移民音乐的基础上不断融合创新、演化发展，而造就了美国音乐引领当今世界音乐艺术潮流的崇高地位。爵士乐、乡村音乐、摇滚乐、布鲁斯、嘻哈说唱等多元化的美国流行音乐受到了全世界歌迷的追捧。

布鲁斯又称为蓝调音乐，产生于公元 19 世纪，来源于美国南部农村的黑人音乐，表现了处于美国社会最底层的黑人的生活，是一种以吉他演奏为主的演唱音乐。布鲁斯的歌词极富个性，旋律忧郁，现代的许多流行音乐因素都是从布鲁斯发展而来的。

爵士乐是美国流行音乐的主体，由布鲁斯发展而来。自爵士乐诞生以来，其风格就随着音乐家的探索与创新而不断改变。美国音乐家乔治·格什温的《一个美国人在巴黎》、《蓝色狂想曲》等音乐作品都是将爵士乐融入传统经典音乐的成功典范。

摇滚音乐是一种以布鲁斯为基础，具有强烈节奏感，会让人尖叫呐喊并摇摆舞动的音乐类别，在美国乐坛中占有举足轻重的地位，每年的格莱美（美国国家录音与科学学会举行的年度音乐评奖活动）颁奖典礼上，摇滚乐奖项都有着相当的分量。我们熟知的猫王和披头士都是摇滚界的名人，其狂烈且激情的表现方式体现了美国音乐霸气的总体特点。

1. 关联音乐：《大峡谷》（葛罗菲）

大峡谷是位于美国亚利桑那州西北部的一座巨大峡谷，是世界七大奇景之一。美国著名作曲家葛罗菲在 1920 年游览大峡谷之后，创作了《大峡谷》这部交响组曲。这首乐曲完成于 1930 年，以五个乐章描述了美国西部大峡谷的优美景色，分别为"日出"、"彩色沙漠"、"小路"、"日落"、"暴雨"。其中第三乐章"小路"由于曲风诙谐幽默,常被迪斯尼卡通用做驴子走路时的配乐。

《大峡谷》是葛罗菲最著名的音乐作品。葛罗菲在这首组曲中加入了相当明显的爵士乐元素,在忧郁的旋律中带来了轻松活泼的气氛,展现了地道的美国风味。

2. 关联音乐:《白宫康塔塔》(伯恩斯坦)

康塔塔,也叫清唱剧,是一种多乐章的声乐套曲,与中国大合唱的形式相近。题材广泛,涉猎宗教与世俗。

《白宫康塔塔》是伯恩斯坦与阿兰·勒纳共同创作的一部音乐剧中的唱段。这部音乐剧以《1600 年宾夕法尼亚大街》为故事原型,以黑人奴隶路德在白宫中的所见所闻为故事主线,描写了从建国到废除奴隶制期间美国的兴衰成败。该剧中的音乐具有浓厚的古典特色,听后让人产生深刻的思索。如表 16-1 所示。

表 16-1

时间	乐段	详　解
00:00	主题	序曲的主题性格不是很明显,颇有好莱坞大片配乐的感觉,没有太强的歌唱性,而是给人一种在讲述的感觉。
00:35	主题发展	主题的发展很简短,也不复杂,基本就是在原有的基础上进行。
01:30	主题再现	主题的再现是序曲的高潮,加入了定音鼓的连续敲击演奏,音乐的力度、音量、情绪都被推高。
02:00	合唱队加入	序曲的后半部分由合唱队的演唱完成,音乐的线条拉伸得比较悠长,合唱队也只是用哼鸣的演唱方式,所以这段音乐显得比较安静,旋律富有美国味。

第 17 章　亚洲地区的建筑与音乐

§17.1　阿拉伯建筑与音乐的地域性特征

17.1.1　阿拉伯建筑的地域性特征

阿拉伯地区位于世界东至阿拉伯海，西起大西洋，横跨亚、欧两大洲，共包括 22 个国家，曾孕育出巴比伦文明、亚述文明等著名的古代文明。阿拉伯建筑形制不仅受到各国文化的影响，也受到了各地自然条件的影响。

宗教文化是影响阿拉伯建筑地域性的重要因素。阿拉伯国家大多是伊斯兰国家，信奉伊斯兰教，所以阿拉伯建筑也形成了伊斯兰建筑的风格。清真寺是伊斯兰教建筑的主要形制，在穆斯林的生活中有着神圣的地位，是穆斯林的宗教活动中心、教育中心以及文化交往中心。俗话说"哪里有穆斯林，哪里就有清真寺"。第一座真正的清真寺建于公元 622 年，建在伊斯兰教"先知"穆罕默德位于麦地那的住处，也就是著名的先知寺，如图17-1所示。最初这座寺庙建筑简陋、规模很小，主要由围墙圈成院落，做礼拜的柱廊建在院内的北侧，随后经伊斯兰教徒的相继扩建，先知寺规模逐渐扩大，并设置壁龛来指示朝拜方向，成为伊斯兰教第二大圣寺。由于穆罕默德将朝拜的方向由耶路撒冷改为麦加克尔白，所以先知寺又将柱廊改建在了南侧对准麦加方向。

图 17-1　先知寺（资料来源：百度图片-百度百科）

　　伊斯兰建筑是世界三大建筑体系之一，除清真寺外，伊斯兰建筑还包括陵墓、居民住宅和各种公共设施等建筑形制。穹窿是伊斯兰建筑中不可或缺的结构要素。例如伊朗伊玛目清真寺以及泰姬·玛哈尔陵都有着巨大的穹隆顶。另外伊斯兰建筑门窗的形式也多采用尖拱，并喜欢用大面积的彩色花卉图案装饰建筑。如图 17-2 所示。

图 17-2　伊朗伊玛目清真寺（资料来源：《中外建筑史》，章曲，李强，2009）

　　阿拉伯地区干燥的气候和猛烈的阳光，使这里的建筑多设计有向外伸展的屋檐、门檐及窗檐，来遮挡阳光，而且建筑物的开窗很小，许多建筑的外观为白色，可以反射阳光，吸热较少。再加上阿拉伯民间神话故事《一千零一夜》在世界文学作品中的影响力，那些和故事中建筑形态类似的空中花园建筑造型、风塔、洋葱圆顶和花巧的图案装饰等，这些建筑符号都被作为阿拉伯文化特征的体现而在新的建筑设计中广泛使用。

　　特征建筑：伊本·土伦清真寺。伊本·土伦清真寺是埃及第一个脱离最高哈里发统治的总督伊本·土伦在开罗旧城南亚什卡尔山的高地上建造的一座内院回廊式礼拜寺。这座寺院建成于公元 879 年，占地约26 000m²。寺院中心是一个正方形的露天庭院，院端为礼拜殿，大殿三面是回廊，由尖券连接的砖砌柱墩支撑承重，柱身以白灰粉饰，券面和券底雕刻着各种几何纹样。殿高 20m，屋顶为木制平屋顶，殿内四周均刻有库法体的《古兰经》经文。内院中央有供净身用的泉亭，上建八角形镀金穹隆顶。回廊外是仿萨马拉清真寺的螺旋尖塔设计的邦克楼，平面为方形，楼高 4 层，楼外有沿楼身环绕的螺旋形楼梯。如图 17-3 ~ 图 17-5 所示。

17.1.2　阿拉伯音乐的地域性特征

　　早在穆罕默德创建伊斯兰教之前，阿拉伯的音乐大多是祭祀音乐或是劳动音乐，随着商业的兴起，"胡达"这种阿拉伯最早的歌唱音乐开始出现，这种音乐是随着沙漠中商队的行进而吟唱的一种民谣。"胡达"曲风古朴而单调，采用阿拉伯诗歌的节奏，并以骆驼行走的步伐为节拍，旋律简单且富有生活气息。

图 17-3　内院中央的泉亭（资料来源：《外国
建筑史实例集②》，王英健，2006）

图 17-4　正方形内院（资料来源：《外国建筑
史实例集②》，王英健，2006）

图 17-5　回廊外邦克楼（资料来源：《外国建筑史实例集②》，王英健，2006）

　　公元 7 世纪初，穆罕默德创建了伊斯兰教，阿拉伯音乐也开始进入伊斯兰时期，但由
于伊斯兰的宗教戒律限制了除《古兰经》咏诵以外的一切音乐的发展，所以伊斯兰教初
期音乐的发展一直停滞不前，直到伍麦叶王朝，符合伊斯兰教教义的其他音乐才慢慢开始
兴盛。穆斯林的第一个音乐家是伍麦叶王朝的伊本·姆斯吉尔，他撰写了许多传于后世的
音乐作品及其理论著作，这些作品对伊斯兰古典音乐的形成和发展有着巨大贡献，伊本·
姆斯吉尔甚至被尊称为伊斯兰音乐之父。阿拔斯王朝是阿拉伯音乐达到艺术顶峰的时期，
这一时期的文化艺术摆脱了宗教戒律的束缚得到了完全的解放，在音乐上综合了波斯浪漫
主义音乐风格与古典音乐的特点，形成阿拉伯音乐的民族特色。之后，阿拉伯民族音乐得

到了长足发展，对西班牙音乐、北非音乐以及中国的新疆音乐等东西方音乐都产生了很大影响。

1. 关联音乐：《在修道院花园里》（凯特尔贝）

《在修道院花园里》是英国现代作曲家凯特尔贝在 1915 年创作完成的管弦乐小品，整首曲子充满了浓郁的异国情调，是凯特尔贝最为著名的一部作品。

这首乐曲用肃穆庄重的合唱呈现出修道院的圣洁，用小鸟的鸣叫暗示修道院的清幽宁静，用教堂的钟声表达出修道院的庄严，作品中频频散发着异域色彩，如同真的置身于修道院的花园中一般。

2. 关联音乐：《二首阿拉伯风格曲》（德彪西）

德彪西是印象派音乐的创始人。他在音乐创作上力图突破传统规则的局限，表现出乐曲色彩的流动变化，制造抽象朦胧的音乐效果，开创了音乐上的印象主义风格。其主要作品有《大海》、《牧神午后》、《意象》、《儿童园地》、《游戏》等。

《二首阿拉伯风格曲》创作于 1888 年，是德彪西早期创作的两首钢琴作品，其旋律明快而富于装饰，曲风细腻，十分优美。其中第一首曲子运用独特的钢琴手法表现出特别的节奏感，使人产生梦幻般的奇特幻想。而第二首曲子用如鸟鸣般的音型，给人清新飘逸之感。

§17.2　印度建筑与音乐的地域性特征

17.2.1　印度建筑的地域性特征

印度位于亚洲南部，是世界上四大文明古国之一，同印度的历史一样，印度建筑在世界建筑史上也有着重要的地位。宗教对印度建筑有着深远的影响，印度人认为信奉宗教是天经地义的事情，所以印度这块土地上神庙和神池无处不在，宗教建筑一直是印度建筑的主流。

公元前 2 千年，印度上层阶级为了加强统治，创立了印度最古老的宗教——吠陀教，公元前 7 世纪，吠陀教演变为婆罗门教。婆罗门教崇拜自然神，将神庙作为神的化身，建筑形式与神的宗教象征意义有关。据说神庙的门厅象征着死亡之神湿婆，圣坛象征着创造神梵天。公元前 5 世纪，古印度的迦毗罗卫国王子创立了佛教，随着佛教在印度的兴起，印度出现了许多的佛教建筑，如窣堵波、石窟、佛祖塔，等等。

窣堵波是用来埋葬"佛骨"的一种半球形建筑，外形来自于印度北方的住宅。佛教认为佛是天宇的体，窣堵波的半球体象征广阔的天宇，也就是佛的象征，所以窣堵波一直被信徒们作为佛教圣地顶礼膜拜。桑契窣堵波是印度最大的窣堵波，其半球体直径达32m，坐落在高 4.3m 的台基上，圆顶上建了一座托名佛邸的方形亭子，上有三个圆盘华盖，象征极乐世界，佛邸内有圣骸。

佛祖塔是在传说中佛祖悟道之处所建的 5 座金刚宝座式锥形塔，是由菩提迦耶，阿育王所创建。5 座塔立在一个方形的台基上，中间一座最大，高55m，四角的塔较小，围绕在主塔四周，分别代表与佛祖悟道时所坐的宇宙中心相连的金刚界（又称为须弥山）的一个主峰和四个小峰。

特征建筑：泰吉·马哈尔陵。如图 17-6 所示。泰吉·马哈尔陵是莫卧儿王朝的皇帝沙杰罕为他的爱妃蒙泰吉建造的陵墓建筑群。该建筑群建成于 1653 年，建造在风景优美的印度贾穆纳河畔。陵园平面为长方形，有两重院子，中间的院子内部是一片长宽约为 300m 的草地，草地中央设方形喷水池，十字形的水渠以喷水池为交汇处将草地一分为四，周围配有绿树。草地之后是陵墓的主体，这是一座用白色大理石建造的具有俄罗斯洋葱头形穹隆的建筑，坐落在高 5.5m 的台基上，四个面完全对称，每边都有半穹窿形门殿，局部用彩色石料或宝石镶嵌出图案。中央大穹窿的直径为 17.7m，由一段鼓座撑起了一个俄罗斯风格的洋葱头形穹顶。台基四角有四座 41m 高的圆塔，如同四座岗哨一样，保卫陵墓的安宁。主体建筑两边被水池分隔的分别是用赭红色沙石建造的清真寺和休息建筑。如图 17-7 所示。

图 17-6 泰吉·马哈尔陵（资料来源：《中外建筑史》，娄宇，2010）

图 17-7 泰吉·马哈尔陵穹顶（资料来源：《中外建筑史》，娄宇，2010）

泰吉·马哈尔陵是印度最杰出的建筑物，是世界建筑史上最完美的建筑典范，该建筑群那简单的布局，沉静的色彩以及明朗的形象使印度人民为之自豪，被誉为"印度的珍珠"。

17.2.2　印度音乐的地域性特征

印度深厚的文化底蕴，为印度音乐的产生和发展创造了优异的条件。作为世界上最古老的音乐之一，印度音乐经历了数千年的演变，不仅没有在西方音乐的冲击下被同化，反而独树一帜，成为世界各民族音乐史上具有代表性的音乐分支，并且还将某些西方的乐器同化为印度的民族乐器，被认为是了不起的音乐成就。

印度音乐有其独特的音律、音阶和调式，并且古典音乐的旋律发展水平很高，具有丰富的装饰音和无穷尽的装饰乐句。如印度当代音乐大师拉维·香卡所说，"在我们的音乐中，从一个音进行到另一个音常常不是直线式的，而是一种精妙巧妙的运动。在印度音乐中，装饰音是自然生长的，而不是从外面任意加上去的，这种修饰也是我们音乐的基础，印度音乐的特色是轻微起伏的曲线，精巧典雅的螺旋式的细部。"

关联音乐：《印度寺院的舞女》。路德维希·明库斯是一位波兰裔的芭蕾舞音乐大师，他于 1826 年出生于奥地利的维也纳，曾在维也纳音乐学院学习音乐，其音乐迷人而不落俗套，他的一生中只谱写过芭蕾舞音乐，而不涉及其他音乐体裁，其主要作品有《印度寺院的舞女》、《唐·吉诃德》、《日与夜》、《雪之女》等。

《印度寺院的舞女》又称为《舞姬》，是一部充满印度风味的芭蕾舞剧，由芭蕾舞音乐作曲家路德维希·明库斯于 1877 年创作了其中的音乐部分。印度人认为是湿婆大神通过舞蹈创造了世界，所以在印度古代，舞蹈是与宗教相关的，舞女从属于寺院，被看做是神的仆人，能用舞蹈与神进行交流。《印度寺院的舞女》改编自著名的印度诗剧《沙恭达罗》。讲述了印度寺院的圣火舞女与印度皇族勇士，在神庙里相遇并相爱，但却被封建势力强加干预，而无法结合的悲恋故事。

《印度寺院的舞女》是古典芭蕾舞中最具代表性的一部作品，对世界芭蕾舞剧的发展有着深远的影响。明库斯在这部作品中加入了一些印度民间音乐元素，使其既具有芭蕾舞音乐的浪漫又不失印度音乐的质朴。

第一幕：故事发生在印度，一个神庙里的舞姬 Nikiya 和战士 Solor 共堕爱河。与此同时神庙的主祭（the chief Brahmin）向 Nikiya 求爱而被拒，主祭怒而返回神庙。Nikiya 和 Solor 在庙外偷会，二人向神圣的火焰发誓他们的爱情会永恒不变。另一方面当地的王子赐婚于 Solor 和他的女儿 Gamsatti，Gamsatti 爱上了 Solor 而 Solor 亦被 Gamsatti 吸引着。Gamsatti 知道了 Solor 与 Nikiya 的事便找了 Nikiya 来对质。她告诉 Nikiya 以 Nikiya 的舞姬身份根本不能给予 Solor 什么，更不能与她相比较。悲愤的 Nikiya 试图刺杀 Gamsatti 但失败了，她立刻害怕地逃走。Gamsatti 发誓她一定会报复。

第二幕：Solor 与 Gamsatti 的订婚典礼，Nikiya 被传唤做舞蹈表演。Gamsatti 的侍女交给 Nikiya 一个藏有毒蛇的花篮，不知情的 Nikiya 被毒蛇咬到了，但她仍拒绝了主祭的解药，宁愿死也不愿没有 Solor 的活下去。

第三幕：Solor 为 Nikiya 的死而震惊，他吸食鸦片以麻醉自己那痛苦的心。在梦境中他看见一群幽灵似的舞姬，并从中找到了 Nikiya，Solor 与 Nikiya 共舞。

§17.3 日本建筑与音乐的地域性特征

17.3.1 日本建筑的地域性特征

日本是中国的近邻，早在汉魏时期，日本人就已经开始向中国通使朝贡，并大量吸收中国的文化。日本建筑深受中国建筑风格的影响，早期的建筑从造型、布局到选材统统都是中国式的，但随着时间的推移日本人逐渐发展了自己的欣赏趣味，将本土文化发挥至极致，形成了独特的建筑观。

神社建筑是日本建筑风格的典型体现。日本民族自奴隶时代起就很崇尚自然神教，称为神道教，神社则是神道教的礼拜场所。每一个神社的入口处都有一座象征神域的门，被称为"鸟居"，是神社最典型的标志，造型即在左、右两根柱子上方架一根横木，是吸收中国牌坊的形制简化而成，如图 17-8 所示。神社中最主要的建筑物是供奉神灵的本殿，早期主要有"神明造"、"大社造"、"住吉造"三种构造形制，分别以三重县的伊势神宫、岛根县的出云大社和大阪的住吉大社为风格代表。到了后期，由于神社形制逐渐成熟以及佛教建筑的影响，又出现了"春日造"、"流造"、"八幡造"、"日吉造"等不同的神社建筑形制。如图 17-9 所示。

图 17-8　严岛神社的鸟居（资料来源：《外国
建筑史实例集②》，王英健，2006）

图 17-9　出云大社（资料来源：《外国建筑史
实例集②》，王英健，2006）

日本的茶道礼仪世界闻名，茶室作为饮茶之所，自然在日本建筑中不可或缺。日本的茶道是由禅僧倡导起来的，禅僧追求天然的顿悟，所以茶室建筑在形制上也力求与自然和谐，建筑物的内部空间尽量减少多余的装饰，仅以地面、墙壁和天棚构成，以达到通透简明、内外合一的效果。日本茶室的各种建筑模式中最为流行的是草庵风茶室。草庵风茶室以淡雅、简朴作为建筑的风格，往往采用土墙草顶，开落地格窗，去掉一切人为的装饰，并与野趣庭院相结合，布置步石、涌泉、石灯笼以及茶亭等高度写意的设施。如图 17-10所示。

天皇宫殿建筑是日本古代的主要建筑类型，其中位于日本东京的皇宫是现存世界上最古老的皇家宫殿之一。这座宫殿由德川幕府的第一代将军德川家康修建于公元 1590 年，占地约 23 000m²，包括皇居、外苑、东苑、北之丸公园等若干部分，整个皇宫被护城河

图 17-10 妙喜庵茶室（资料来源：《外国建筑史实例集②》，王英健，2006）

和石墙环绕，至今仍是日本天皇及其家人的居所。由于 1868 年明治天皇迁都东京之前，京都和奈良也曾是日本的古都，所以除日本东京皇宫外，这里也保存着皇家的宫殿建筑，如现存的京都御所就是迁都奈良后建造的旧皇宫。

日本的佛寺建筑是公元 6 世纪时由于佛教的传入而形成的，最著名的佛寺建筑是由圣德太子亲自监督修建的法隆寺。法隆寺修建于公元 607 年，地点在奈良生驹郡斑鸠町，所以又被称为"斑鸠寺"，是一座木结构寺庙。院内建筑式样保留了飞鸟时期的特色，主要建筑物包括八角形圆堂梦殿、金堂、钟楼和五重塔，其中梦殿是为了纪念圣德太子梦见金色佛陀而建，安放了圣德太子身像，是世界上最古老的木结构建筑之一。金堂是重檐歇山顶形式的佛堂，二层的扶手采用"卍"字形，下部以"人"字支撑，内部安放了许多日本佛教美术史上的著名造像。寺内的五重塔是一座方形结构佛塔，其房檐长度从下到上逐层递减，最上部的塔刹有九个相轮，占据了塔高的三分之一，是日本最古老的佛塔。

特征建筑：伊势神宫。伊势神宫是日本神社的主要代表，坐落在三重县伊势市，始建于公元 4 世纪。神宫自公元 7 世纪起开始实行天武天皇设立的"造替"制度，每隔 20 年彻底重建神宫内的全部建筑，因此历经千年，伊势神宫仍能维持原初的风貌。如图 17-11 所示。

神宫由内宫、外宫两宫组成，内宫称"皇大神宫"，是祭祀天照大神的地方，中央有立柱，代表天照大神由此降临。正殿居内宫中心，坐落在木桩挑起的高台之上，平面为矩形，入口在长边，由圆木柱支撑草葺覆顶，曾悬山式，南面设台阶，与主入口相连。正殿后方左右对称排列一对宝库，形制与正殿相似，均为"神明造"，内有宝贵的器物。外宫称"丰受大神宫"，是祭祀主司农蚕业的丰受女神的地方。建筑形制类似于内宫。外宫和内宫均有木栅和围墙层层环绕，形成重叠空间。全部建筑均为素面，给人简洁明净之感。内宫、外宫的入口处都立有鸟居，分隔神域与世俗的界限。

17.3.2 日本音乐的地域性特征

日本人早在原始时代就已经有了类似于现代的笛、琴、鼓等简单乐器，开始了音乐和

图 17-11　伊势神宫（资料来源：百度图片-百度百科）

舞蹈的创作。公元 5 世纪起，中国、朝鲜等亚洲各国的音乐随着文化入侵进入日本，其中包括朝鲜的"三韩乐"，即新罗乐、百济乐、高句丽乐，以及中国唐朝的"唐乐"，此外还有"伎乐"、"林邑乐"、"渤海乐"等，这些丰富多彩的音乐种类使当时的日本音乐呈现出国际化色彩。公元 9 世纪时，日本进行了乐制的改革，将这些外来音乐合并统一，融入日本特色，并在音乐中大量使用筝、琵琶、高丽笛等民族乐器。中世纪时，由于武士掌握政权，势力扩大，所以音乐表现出强烈的武士趣味，形成了"平曲"这种具有民族特点的音乐体裁。明治时代是日本音乐广泛吸收欧美音乐文化的时代，这一时期的日本音乐在西洋音乐的影响下出现了被称为日本歌曲的新体裁，日本传统音乐此时不再一家独大，出现了西洋音乐与传统音乐并存的局面，并一直延续至今。随着与西方文化思想的不断交流，在近现代，日本传统音乐逐渐脱离西洋音乐的模式，开始创造出新的形式。

关联音乐：《蝴蝶夫人》。《蝴蝶夫人》是由意大利作曲家普契尼作曲的一部两幕歌剧，剧情取材于美国作家约翰·朗的同名小说，以明治时期的日本为背景，描写了日本艺妓乔乔桑（蝴蝶姑娘）与美国海军上尉平克尔顿结婚后，乔乔桑惨遭抛弃，最终以自杀来寻求解脱的悲惨故事。普契尼在音乐中采用了《樱花》、《狮子舞》等日本民歌来体现出乔乔桑的纯真、美丽，将日本音乐的淳朴与意大利歌剧的抒情浪漫风格巧妙地结合在一起，使《蝴蝶夫人》成为世界歌剧史上经久不衰的名作。

其中乔乔桑面对大海所唱的《啊，明朗的一天》是这部歌剧中最受欢迎的歌曲，普契尼运用宣叙性的曲调，细腻贴切地刻画了蝴蝶夫人对未来美好生活的向往，与黑暗的资产阶级世界形成鲜明对比。

§17.4　中国建筑与音乐的地域性特征

17.4.1　中国建筑的地域性特征

中国是一个历史悠久的多民族国家，其建筑由于地域分布、民族文化以及生活习惯的不同而形成许多差异。比如北方建筑方整规则、开朗大度，南方建筑则灵巧自由、秀丽精致。又如客家人聚族而居于环形大土楼，蒙古族则居住于便于迁徙的毡包式居室。如图 17-12、图 17-13 所示。

图 17-12　福建永定圆形土楼（资料来源：《中外建筑史》，娄宇，2010）

图 17-13　蒙古包（资料来源：《中外建筑史》，娄宇，2010）

　　宫殿是最具中国传统观念的一种建筑类型，作为帝王权力的象征，宫殿具有明显的政治性。早在夏商时期，中国就产生了宫殿的形制，这时的宫殿十分简陋，仅以茅草盖顶，用夯土筑基，属于建筑的原始阶段。春秋战国时期，宫殿摆脱"茅茨土阶"的状态，开始以灰色的筒瓦做屋面，用木材做形体，建筑在夯土筑成的高台之上。秦始皇统一六国后大兴土木，在渭水之南建造了规模宏大的阿房宫，汉武帝建造了长乐宫、未央宫、建章宫，之后的历朝历代也都陆续修建了许多豪华的宫殿。这些宫殿都采用前殿和宫苑相结合的形式，各宫都用宫墙围合成宫城，宫城中自由布置树木、池藻，宫殿建筑按照"前朝后市，左祖右社"的营建原则进行排布。由于中国的古建筑多为木制，木材易遭火灾及虫蚁的侵害，所以元朝以前的宫殿建筑多被损毁，仅有明、清北京故宫及清沈阳故宫被完整保存下来。如图 17-14 所示。

　　在中国的古建筑中，古典园林是富有传统特色的代表。在数千年的发展历程中，中国古典园林以"虽由人造，宛自天开"的境界，在世界园林史中占据着重要的地位。中国园林最早源于商、周时期的"囿"、"台"建筑，是供帝王渔猎的场所。汉末至南北朝时期，随着返璞归真的思想兴起，清新自然的山水观开始形成，园林中大量开池筑山，以表现自然美，促成了园林审美情趣的发展。之后的古典园林形制基本上延续着这种建筑风格，追求诗情画意的境界，造园手法也更趋于精致化，出现了借景、对景、框景等视觉构图，造园要素增多，亭、台、廊、榭自然成趣。到元、明、清时期古典园林达到了艺术水平高峰，现存的河北承德避暑山庄、颐和园、苏州留园等中国著名的古典园林大都是这一时期的作品。如图 17-15 ~ 图 17-17 所示。

图 17-14　沈阳故宫大政殿（资料来源：
《中外建筑史》，娄宇，2010）

图 17-15　承德避暑山庄（资料来源：
《中外建筑史》，娄宇，2010）

图 17-16　颐和园昆明湖（资料来源：
《中外建筑史》，娄宇，2010）

图 17-17　苏州留园（资料来源：《中外
建筑史》，娄宇，2010）

　　寺庙是中国的佛教建筑之一，其形式起源于印度佛寺，讲究亦虚亦实的通透感和阴阳变换的空间意识。为了体现天人合一的思想，寺庙通常建造在名山幽林之中，以形成与大自然融为一体的感觉。如五台山上的南禅寺和佛光寺都是将古寺隐藏于深山之中。依照中国传统建筑中轴线对称的审美观念和前堂后寝的建筑布局形式，中国古代寺庙常以南北向轴线来进行布局，并将天王殿和大雄宝殿等主要建筑放置在轴线上，钟楼、鼓楼等次要建筑分置两侧，僧房和斋堂则安置在最后。如洛阳的白马寺。

　　1. 特征建筑：北京故宫

　　北京故宫又名紫禁城，始建于明朝永乐年间，是明、清时期的皇宫，内有大小建筑上千座，是世界现存最大的古代木结构建筑群。

　　故宫平面为长方形，四面被高大的宫墙环绕，墙外有护城河。宫墙四面辟门，南面为正门名午门，北门名神武门，东门名东华门，西门名西华门，门上均有门楼，墙角设角楼。宫城内部严格按照"前朝后市"的功能布局进行分布。如图 17-18 所示。沿着一条贯穿宫城南北向的中轴线上，依次布置着太和殿、中和殿、保和殿、乾清宫、交泰殿、坤宁宫。太和殿、中和殿、保和殿总称外三殿，是供天子登基、朝会以及颁布重要政令之所，乾清宫、交泰殿、坤宁宫总称内三宫，是皇帝和皇后的居所。中轴线两侧还排布着其他小型宫殿建筑，其中外三殿左右是文华殿、武英殿等太子读书、讲学、议事之处，内三宫左右则是东六宫、西六宫等后宫妃嫔的寝宫。

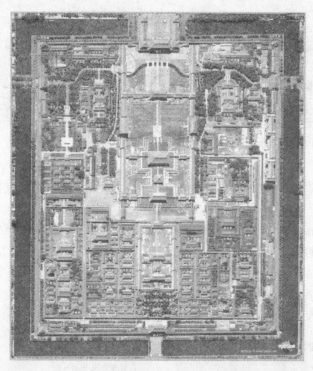

图 17-18　故宫规划布局图（资料来源：《中外建筑史》，娄宇，2010）

　　"三大殿"之首的太和殿又称金銮殿，是故宫中体积最大的建筑物。整座宫殿坐落在8m 高的汉白玉石基上，为黄琉璃瓦重檐庑殿顶宫殿，檐角安放象征建筑等级高低的 10 个小兽，在中国宫殿建筑中使用小兽最多，足见其至高无上的地位。大殿以金砖铺地，内设金漆雕龙宝座，宝座两侧围绕着 6 根直径 1m 的沥粉金漆蟠龙柱，座前放仙鹤、宝象、香亭、角端，后有雕龙屏，天花正中安置蟠龙藻井，整个大殿金碧辉煌，气势恢弘。如图17-19 所示。

　　2. 特征建筑：长城

　　中国最早的长城建于 2000 多年前的春秋战国时期，是各国诸侯为了防范外敌入侵，而用城墙将烽火台连接起来形成的，之后经过各代君王的不断增修，才形成了东西绵延上万华里的"万里长城"。现存的长城多为明代修建，其长度从嘉峪关一直到达鸭绿江畔。位于北京延庆的八达岭长城是整个长城中最具代表性的一段，美国总统奥巴马、尼克松，

图 17-19　故宫太和殿（资料来源：《中外建筑史》，娄宇，2010）

英国首相撒切尔夫人都曾到中国的长城游览。1987 年长城因其重要的历史价值而被列入《世界遗产目录》。

　　3. 特征建筑：北京天坛

　　天坛中的主要建筑包括有圜丘和祈年殿。圜丘是皇帝祭天之所，由坛、坛壝和皇穹宇组成，坛壝是两重内圆外方的矮墙，象征天圆地方，皇穹宇则是一座圆形小殿，内有祭祀所用的神位牌。祈年殿又名大亨殿，是一座青瓦三重檐攒尖顶的圆形大殿。1998 年 12 月，北京天坛被列入《世界遗产名录》。

17.4.2　中国音乐的地域性特征

　　中国音乐在数千年的发展历程中，创造了辉煌的成就，不仅对东亚音乐的发展产生了深远的影响，还积极地吸收外来音乐，将世界音乐中国化，同时也不断地充实并发展本国的音乐，使中国音乐走向世界。

　　中国音乐是在远古时期的狩猎和祭祀等活动中产生的，这一时期的音乐以口头歌谣作为表达方式，以烧制的陶埙、挖制的骨哨作为乐器，以天、地、农、畜作为歌咏的内容，具备基本的音乐审美观。到夏商两代，音乐文化开始逐渐发展，出现了编钟、鼍鼓等打击乐器。周代音乐活跃，伯牙抚琴"高山流水遇知音"的故事就发生于这一时期。此时已经有了完备的礼乐制度和采风制度（收集民歌），保留了大量的民歌，之后经孔子的删定，这些民歌被汇集成了中国第一部诗歌总集——《诗经》，对后世影响很大。秦、汉继承了周代的采风制度，形成了乐府诗这一带有音乐性的诗体，随着佛教的传入，印度教音乐也开始进入中国。到了魏晋南北朝，由于政治的动荡，大量外国音乐以及乐器、乐调和音阶等音乐元素输入中国，中国民族音乐与外来音乐在音乐文化领域上的交流十分普及。隋唐两代，政治稳定，音乐文化繁荣，歌舞音乐鼎盛，其中《霓裳羽衣舞》最为世人称道。明清时期，市民阶层壮大，音乐文化即呈现出世俗性和社会性的特点并一直延续至今。

1. 关联音乐：《长城随想》（刘文金）

《长城随想》创作于 1981 年，是我国著名作曲家刘文金创作的一首二胡协奏曲。乐曲共有四个乐章，分别为"关山行"、"烽火操"、"忠魂祭"以及"遥望篇"。作者在创作时并没有刻意地以音乐来描绘万里长城的形象，而是通过人们登临长城时的感情、感受来体现长城的恢弘壮美，表现中华民族不屈不挠的精神品质和坚强性格，具有极大的随想性，被誉为"当代二胡作品新的里程碑"。

2. 关联音乐：《长安八景》（杨洁明、李婉芬）

"关中八景"因其大都地处西安及其周边地区，故也称为"长安八景"。这八景分别是：雁塔晨钟、草堂烟雾、灞柳风雪、曲江流饮、咸阳古渡、华岳仙掌、太白积雪、骊山晚照。还流传着一首八景佚名诗：华岳仙掌首一景，骊山晚照光明显。灞柳风雪扑满面，草堂烟雾紧相连。雁塔晨钟响城南，曲江流饮团团转。太白积雪六月天，咸阳古渡几千年。

《长安八景》系作曲家杨洁明、李婉芬根据上述八景图创作而成的一首古筝组曲，运用传统古筝的套曲形式和标题音乐的结构，传神地描绘了古长安的这八处胜景。八段乐曲一气呵成。

3. 关联音乐：《天坛回想》（王月明）

《天坛回想》是我国作曲家王月明的作品，选自他的专辑《紫禁城》，古雅而丰富的中国传统乐器，清新灵动的曲风，加上温婉柔美的人声哼唱，幻化为浓浓的京都古韵。《天坛回想》介绍如表 17-1 所示。

表 17-1

时间	乐段	详　解
00：00	引子	引子部分分别由箫、笛子和古筝先后演奏同一个主题，古朴典雅，逐渐地将音乐带进主题。
01：56	出现人声，进入主题	主题部分作者运用女生的哼唱来表现，人声将主题反复一次，随着不同的乐器加入，旋律更加丰富充实。这时应该是置身于天坛的主体建筑前。
02：50	第二段	音乐进入第二部分，去掉了人声，音乐的整体色彩发生了改变，就好像从天坛的主建筑进入了另一个建筑群，或看到了另一个景象。
04：11	再现人声的部分	回到人声的主题上，如同绕行天坛之后回到了最开始的地方，不过这时也该离去了，音乐在这里省去了部分配器，表现出一种即将离去的感觉，之后再由纯器乐演奏主旋律，最后以引子部分的旋律作为整个作品的结尾。

4. 关联音乐：《紫禁城》（王月明）

《紫禁城》是我国作曲家王月明的作品，选自他《紫禁城》专辑中的同名音乐，也称为《红墙碧瓦》。顾名思义，作者想借着曲子来表达对紫禁城的印象。如表 17-2 所示。

表 17-2

时间	乐段	详　解
00：00	主题	全曲开始是一个温柔沉稳的女生哼唱，平缓大气的旋律，听起来使人心旷神怡，思绪平静。这个部分十分柔美，同时又不失稳重大气，可能作者更想表达紫禁城柔美温婉的一面。
02：39	第二段	第二部分作者用了纯乐器演奏，依然延续了主题的基本旋律和情绪，配器并不复杂，主旋律平稳的进行，让人感觉心平气和，仿佛自己正走在紫禁城中。
04：37	再现	曲子的第三部分再现了主题，不过在主题原有的基础上加入了鼓点作为伴奏，使得整个曲子的基调更加大气委婉，却又不失美丽。

5. 关联音乐：《春江花月夜》

《春江花月夜》原为琵琶曲，曲名《夕阳箫鼓》，意境深远，乐音悠长，后取义唐诗名篇《春江花月夜》更名，被认为是中国古典民乐之代表。

《春江花月夜》全曲由引子、主题乐段，主题的六次变奏及尾声构成，是一首独具特色的变奏曲。这种曲式由一个音乐主题乐段作基础，其他各乐段运用各种变奏的手法加以变化，丰富了音乐的表现力，推进了音乐的发展。如表 17-3 所示。

表 17-3

时间	乐段	详　解
00：00	引子	清脆嘹亮的古筝起奏开始，形象的模拟鼓声由慢渐快。
00：43	主题	具有江南风格的音乐主题，抒情、优美、婉转如歌。
01：40	第一变奏	江楼上独凭栏，听钟鼓声传来。
02：40	第二变奏	袅袅娜娜散入那落霞斑斓，一江春水缓缓流过。
03：50	第三变奏	四野无人，唯有淡淡细来薄雾轻烟。
04：55	第四变奏	看月上东山，天宇云开雾散。
05：38	第五变奏	光辉照山川，夕阳藏进山间。
06：23	第六变奏	夕阳余晖洒在江面上，恰似银鳞闪闪。
07：03	尾声	描绘了夕阳西下，泛舟江上，一片傍晚时分昏黄的景象。

复习与思考题 3

1. 德国与日本在第二次世界大战战场上、现代质量意识上以及足球场上都有惊人相似的地方，试比较一下他们的历史、思想根源。

2. 格什温音乐《一个美国人在巴黎》是抓住了法国街道的什么特征而展开的？

3. 从法雅的音乐《西班牙花园之夜》中，可以听到西班牙阿尔罕布拉的什么特点？

4. 俄罗斯穆索尔斯基《图画展览会》第 14 曲描绘了怎样的大门楼？有什么特征？

5. 试为法国凯旋门找到一首关联的音乐，并说明其原由。

6. 试简略谈谈法国、英国、德国、意大利、俄罗斯、伊斯兰国家、印度、日本、中国的建筑特征、音乐特征、建筑与音乐的关系、文化背景、思想根源等。

7. 试谈谈中国王明月音乐《紫禁城》的听后感想，这首音乐和紫禁城哪些特征关联？

8. 试谈谈中国王明月音乐《天坛回想》的听后感想，其特征是什么？

9. 西方教堂、歌舞厅、乐器和东方寺庙、戏楼、乐器有何不同？为什么？

第四篇　建筑与音乐的艺术延拓

　　音乐与建筑是两种不同的艺术形式。建筑以材料为媒介，利用建筑材料在空间上的持续感来给予人们视觉上的享受，是一种视觉的艺术；音乐则是以声音为媒介，利用声音在一定的时间过程中的延续展开，来表现人的主观情感，是听觉的艺术。同为艺术的分支，建筑艺术与音乐艺术自然和人体、服装、舞蹈、诗歌、绘画、歌剧等其他艺术形式有着相似的亲缘关系。

第 18 章　人体艺术

§18.1　人体与建筑

　　人体是大自然的杰作，是万事万物中最完美的形式，具有生生不息的潜能和动力。黑格尔认为"人体是高于一切的其他形象的最自由最美的形象"。作为最美的天然艺术品，人体线条所表现出来的力度与动感，常常令人叹为观止。如在古希腊的运动会中，参加比赛的运动员为了展示他们健美的体魄，一般会赤身裸体的进行比赛。最早发现人体的建筑性，并将其运用到建筑中来的还是古希腊人。古希腊人十分崇尚人体美，认为人体具有最完美的比例关系。建筑物必须按照人体各部分的式样制定严格比例。所以古希腊人以人为尺度，总结出了人体与建筑的各种相关性，并运用到实践中。例如希腊三柱式中的多利克柱式的构造就是按照男性身体的不同比例来确定的，其粗犷雄壮的体格，正体现着男性的阳刚之美，甚至还有直接用男子雕像代替多利克柱式的例子。文艺复兴时期，德国的阿格里拉科还将人体构造比喻成小宇宙，将人性充分地体现在艺术的和谐之中，现代主义时期的第一位雕塑家罗丹直接以男性为主题的雕塑，常以其阳刚之美使人感受到无限的生机与活力。据说现在建筑中所用的模数的概念，最初也是由古罗马御用建筑师维特鲁威在总结人体比例时，用男性人体的头或脚的长度作为一个"模数"（数量单位）引申出来的。可以说人体与建筑有着不可忽视的关系，这种关系体现在以男性人体为模数的建筑物中，其浑融一体的形态样貌塑造了健康挺拔的人体之美。如图 18-1、图 18-2 所示。

图 18-1　人体的建筑美 1（资料来源：河川，伍蹁，世界名家
人体艺术摄影，贵州人民出版社，杉木有也摄）

图 18-2　人体的建筑美 2（资料来源：河川，伍蹁，世界名家
人体艺术摄影，贵州人民出版社，岛有泉摄）

§18.2　人体与音乐

　　如果说男性人体的线条所表现出来的力度与动感形成了刚劲的雕塑美，那么女性身体各部分线条的微妙起伏所形成的玲珑浮凸的 S 形体态则如同大提琴一般自然呈现出音乐美。人体的音乐美主要在于人体曲线的伸展或起伏所形成的旋律感，这种美浪漫而又优雅，并且无所不在，富于变化。人体是旋律美的代表，人体用象征着浪漫和优雅的曲线，形成优美的形态画面。这些形态在人体的运动过程中不断变化，又形成了姿态动作的美，从而产生出各种不同的旋律，给静止的人体带来无限的活力。如图 18-3 所示。

图 18-3　人体的运动之美–中国新闻奖参评摄影作品
（资料来源：新华网，光影传奇 2007/费茂华，2008）

音乐中若干有节奏、有组织的乐音，组成旋律的外形，形成旋律线。这些旋律线千变万化，有的波动剧烈，棱角分明，有的持续迂回，顺畅圆滑。无论是哪种旋律线，一定都表示着音高更迭的轨迹，包含着不断延伸交替的旋律，伴随着激昂澎湃或缠绵柔媚的情绪，赋予音乐生动的艺术表现力和生命般的动力。如图 18-4 所示。

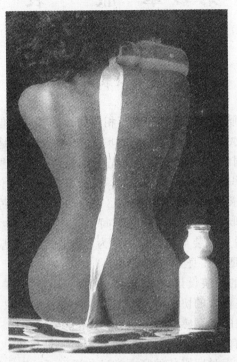

图 18-4 人体的音乐之美 1（资料来源：彼得编，陈晓钟译，辽宁画报社，拉里·达尔·戈登摄）

第 19 章　服　　装

§19.1　服装与建筑

　　服装与建筑在许多人眼里也许是风马牛不相及的两件事情，但事实上，服装与建筑之间相互依存的关系由来已久。时装设计大师迪奥尔曾说："衣服是使女性身材的比例显得更美的瞬间的建筑。"我国的建筑大师梁思成先生也曾说过："建筑和服装有许多相同之点，服装无非是用一些纺织品（偶尔加一些皮草），根据人的身体做成掩蔽身体的东西。在寒冷的地区和季节，要求保暖，在炎热的地区或季节，又要求凉爽。建筑业无非是用一些砖瓦和木石搭起来，以取得一个有掩蔽的空间，同衣服一样也要适应气候和地区的特征。"其实，从功能上来说，服装与建筑，都是为了防止外部侵害，对人体起保护作用的掩蔽空间。可以说服装就是穿在身上的建筑。

　　与建筑同为造型艺术的服装设计，在形态构成上也同建筑一样，涉及比例、尺度、颜色及韵律上的处理，并通过这些要素的协调搭配形成富有律动感的形象来吸引人们的注意，产生不同的艺术联想，具有强烈的造型感。另外，由于艺术审美上的同一性，同一历史时期的服装与建筑设计风格之间也有着极大的相似性，如古希腊服饰优雅飘逸、修长大气的风格，哥特时期高耸的锥形帽，巴洛克时期服装的富丽堂皇和洛可可时期服装的矫揉造作，均与同时期的建筑风格有着密切的联系。所以许多服装设计师们常常会在建筑中寻找创作灵感，并将建筑元素直接转换到服装上来使用。如根据中国国家体育场"鸟巢"设计的"鸟笼服"，依照中国园林中的宝塔设计的"宝塔服装"，以及曾在巴黎的 T 形台上出现过的具有中国古建筑斗拱和飞檐等元素的时装样式，都是建筑造型在服装上的具体体现。如图 19-1 所示。

图 19-1　古希腊女人所穿的长袍 chiton（资料来源：爱购吧，解密奥运女祭司的
　　　　　神秘长裙，http://www.igoba.com/bbs/read.php? tid=53863）

§19.2 服装与音乐

　　服装与音乐的联系虽然不及建筑与音乐的联系紧密，但由于艺术审美的需要，服装与音乐之间也有着千丝万缕的联系。这种联系主要体现在服装与音乐的节奏感上。

　　在音乐中，节奏具有十分重要的地位，节奏是指音乐中力度强弱和时间长短不同的音有规律地交替出现的现象，一连串拖长的音符，既没有时间上的分割，也没有力度上的轻重，所形成的乐音是毫无意义的，不同的音符只有在节奏的带领下，形成持续与停顿、强烈与微弱，才能构成美妙动听的旋律。服装中同样具有节奏，并且这一节奏同音乐中的旋律节奏一样，是连续而又具有规律性的要素律动，这些要素包括服装材料的纹理、色彩，剪裁的线条、块面和造型的长短、大小等，将这些要素以一定的美学规律科学地组合在一起，才能形成如同音乐一般良好的节奏感，取得美好的艺术效果。另外，音乐的旋律构思也越来越多地出现在了服装中，比如日本索尼公司推出的"音乐时装"，就是将流行音乐的创作灵感融入服装中而设计出来的。如图 19-2 所示。

图 19-2　服装的律动 1（资料来源：奥一网，衣语，http：//www. misstag. com/read. php/2237. htm）

第 20 章　舞　　蹈

§20.1　舞蹈与建筑

　　舞蹈是一种以舞者的肢体语言来与外界进行心理与视觉交流的运动。除了其固有的旋律感和音乐性之外，作为舞蹈的重要表达方式，舞者在舞台空间上所作出的一系列姿态造型和舞蹈整体的画面构图都表现出了强烈的建筑性。在表演的过程中，舞者轻盈优雅的体态，扭动变化的身躯，往往会唤起人们对于舞蹈意境无穷无尽的想象。例如传统的民间集体舞——"英歌舞"，其舞者都打扮成梁山好汉的形象，将双手均拿有的一根被称为"英歌槌"的圆木棒，上下左右互相敲击，形成强烈的节奏，并配以阳刚而恢宏的舞姿，构成磅礴豪迈的气势，让人联想到身怀绝技，武艺惊人的梁山好汉那气壮山河的英雄气概。

　　建筑中经常会以大量不规则的曲线和曲面来塑造出舞蹈中扭动变化的运动感。比如由美国建筑师弗兰克·盖里设计的西班牙毕尔巴鄂古根海姆博物馆，就是用舞蹈般的弯曲曲面，逐渐向上收缩绞缠组合而成的。法国著名建筑师鲍赞巴克设计的巴黎西区音乐城的屋顶，其跳跃起伏的曲线，充满着舞蹈的动感。生于芬兰的美籍建筑师沙里宁设计的 TWA 环球航空公司候机楼，顶上那四片巨大的钢筋混凝土曲面板，形成小鸟般飞翔的轻盈舞姿，激起人们遨游天空的兴奋。如图 20-1 所示。

图 20-1　环球航空公司候机楼（资料来源：《外国建筑史实例集》，王英健，2006）

§20.2 舞蹈与音乐

舞蹈与音乐长久以来一直是相辅相成的结合体，音乐透过舞蹈来表现剧情，传达思想，舞蹈则利用音乐来抒发感情，烘托气氛，舞蹈与音乐两者相结合就在音乐的时间上和舞蹈的空间上形成了集"视"、"听"为一体的综合性艺术。节奏和旋律是舞蹈与音乐之间联系的纽带，音乐中，声音的强弱、长短音的配合，以及千变万化的节奏和高低起伏的旋律有条不紊地组合在一起，才能使听众产生类比的心理感受，与音乐达成共鸣。舞蹈中，舞者眼神的交流、肢体的律动，以及旋转的快慢、间歇的长短所形成的节奏交织在一起，才能使观赏者了解音乐所要描述的故事，舞者所要抒发的感情。所以说舞蹈与音乐的关系，就是两者的节奏和旋律之间互相协调的体现。但是由于舞蹈是音乐在现实中的体现，如果没有音乐的烘托，舞蹈的内容也就没有了意义。所以音乐可以离开舞蹈而单独存在，舞蹈却离不开音乐。同时，舞蹈还能用来表达音乐的内涵。例如在一些专业的舞蹈大赛上，经常会让选手们以现场听到的音乐为背景来即兴地表演一段舞蹈，表达他们对于这段音乐的理解，以此来判断舞者们的舞蹈素养。如图 20-2 所示。

图 20-2 2005 年春晚舞蹈《千手观音》（资料来源：东方少年网-国际在线-丁晓瑜）

第21章 诗 歌

§21.1 诗歌与建筑

　　诗歌是世界上最古老也是最基本的一种文学体裁，其发展从中国的《诗经》开始，经历了中国历史上的各个朝代，诗歌以丰富的意象，高度的反映社会生活，强烈的表达着作者的思想感情，其结构注重美学的形式，是一门用文字表达的艺术。诗歌的建筑性主要体现在描述语言的大气磅礴，如南宋抗金名将岳飞的《满江红》中的一段："驾长车，踏破贺兰山缺！壮志饥餐胡虏肉，笑谈渴饮匈奴血。待从头，收拾旧山河，朝天阙！"其凌云壮志，气吞山河的歌音，激励着中华儿女的爱国心，这一意境雄浑的气势也正如北京四合院的建筑风格一般方整规则、开朗大度。诗歌文字的排列编织也与建筑空间结构的组织有许多相同之处。比如诗歌中"赋、比、兴"的表达方式就与"小中见大、欲扬先抑"的园林造园手法极为相似。而宝塔诗更是以一种形如宝塔的一字至七字句，并且逐句成韵的诗体形式，恰如其分地表现了诗歌中的建筑性。如图 21-1 所示。

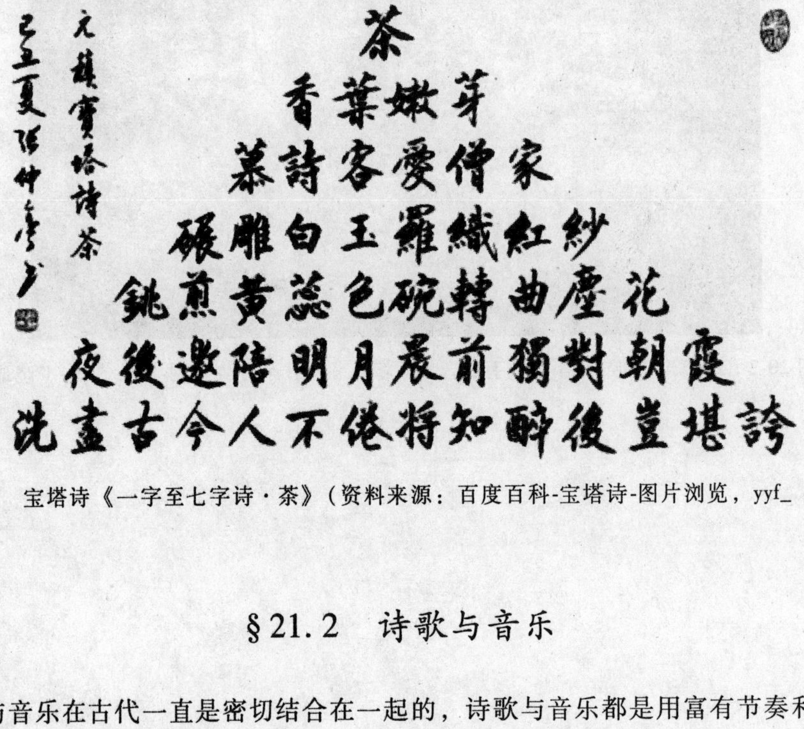

图 21-1　宝塔诗《一字至七字诗·茶》（资料来源：百度百科-宝塔诗-图片浏览，yyf_ china）

§21.2 诗歌与音乐

　　诗歌与音乐在古代一直是密切结合在一起的，诗歌与音乐都是用富有节奏和韵律的语言，来反映社会生活，抒发作者的思想感情，在表达的意境上是相同的，最早的音乐甚至是从诗歌转变而来的。所不同的是，在语言的表述上，诗歌采用的是简练的文字，而音乐则是用跳动的音符。

诗歌最初是劳动人民为了减轻疲劳喊的号子声中作为交流感情的语言产生的，后来成为了为音乐服务的歌词以配乐使用。如我国儒家学派的经典诗歌集《诗经》中的"风"所包含的是各地的歌谣，"雅"和"颂"则是为这些歌谣所配的歌词。随着历史的漫长演变，诗歌也逐渐分化成为一种独立的文学艺术形式。但从音乐中脱离出来的诗歌，由于诗歌与音乐两者之间数千年的配合，诗歌必然形成了与音乐相同的格律。如韵脚和平仄音节，就是音乐的节奏旋律在诗歌中的体现。

第 22 章 绘 画

§22.1 绘画与建筑

绘画是用笔或颜料等工具在二维平面上描绘的一种可视形象，同建筑一样，绘画也属于造型艺术的范畴，只是绘画是用平面静止的构图画面来突破时空的局限，表现出事物瞬间最具爆发力的形象，而建筑则是在立体的空间中，以最适宜的造型、比例和安放位置来表现建筑与环境的融合。虽然绘画是二维的平面艺术，建筑是三维的空间艺术，但作为艺术的分支之一，绘画与建筑几乎同时经历了艺术史的各个时期，并以一样的审美观形成与当时的艺术风潮相同的绘画与建筑风格，产生各自同源的历史变革。同时绘画与建筑还以各自的存在形式，反映了某一时代的社会生活和特定的文化思想，以及作者所要表达的情感，为推动历史的进步、社会的发展具有重要的贡献。历史上许多顶尖的建筑大师，本身也是著名的绘画大师，比如被称为"意大利文艺复兴艺术三杰"的米开朗基罗、达·芬奇和拉斐尔就有着画家和建筑家的双重身份。如图 22-1、图 22-2 所示。

图 22-1　建筑速写（资料来源：爱毒霸社区-谈天说地-贴图专区-
建筑速写组图欣赏，jxonline0123，2008）

图 22-2　米开朗基罗设计的圣彼得大教堂圆顶（资料来源：百度百科-
米开朗基罗·博那罗蒂-图片浏览，appledj5845）

§22.2　绘画与音乐

同建筑与绘画一样，音乐也以相同的审美观经历了西方艺术史的各个时期，形成符合时代潮流的音乐风格，这在公元 19 世纪末出现的"印象主义"的新艺术思潮上表现得最为显著。印象主义绘画利用色彩和光影的变化产生出朦胧、隐晦的效果，印象派音乐则追求乐曲色彩的描绘，制造出抽象和朦胧的感觉。绘画和音乐中都有色彩的概念，绘画中的色彩是指红、黄、蓝等色调，音乐中的色彩则是指不同的旋律、节奏、调式以及和声形式和配器手法在声音中组成的颜色。线条的概念也同时存在于绘画和建筑中，但音乐中的线条并不可见，音乐中的线条是音调高低与强度的不同在时间上的体现。如图 22-3、图22-4所示。

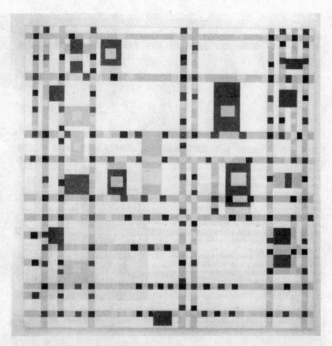

图 22-3　百老汇的爵士乐（油画，127 厘米×127 厘米，1942—1943 年，纽约现代艺术博物馆藏）
　　　　 蒙德里安（荷兰）（资料来源：丫丫网-乖乖兔欢乐园的日记）

图 22-4　葛饰北斋：《冨岳三十六景》中的"神奈川県的大浪"。德彪西以此画作为其音乐作品
　　　　 《大海》的标题画。（资料来源：书画艺术网-书画百科频道-印象乐派，2009）

第 23 章 歌 剧

§23.1 歌剧与建筑

歌剧是在文艺复兴时期的意大利佛罗伦萨诞生的，是将音乐、戏剧、诗歌、舞蹈、舞台美术等多种艺术形态融合在一起的一门综合性艺术。

舞台美术是歌剧中很重要的一部分，歌剧的建筑性正体现在舞台的美术设计上。作为舞台表演中的一种特殊道具，舞台美术不仅能够为观众营造逼真的戏剧环境，加强戏剧的时空感，使表演更加真实自然，还能像演员一样，起到烘托音乐，反映剧情的作用，其效果往往会比音乐更加直接。好的建筑背景也可以直接拿来用作为舞台背景。例如电影版的歌剧《茶花女》，制片或是导演首先读懂乐谱，然后根据音乐来添补建筑镜头，电影一开始是序曲，地点是在茶花女薇奥莱塔家中，序曲中出现的第三个旋律是一种轻浮、喧闹的音调。是和声，跳动、华丽类似花腔声调的表现手法，表现巴黎上流社会寻欢作乐生活的音乐形象。花腔声调是一种华丽的装饰音，这种音调在第一幕占主导地位：这和描写茶花女及上流社会的建筑环境——洛可可装饰风格一拍即合、非常贴切。导演用富丽堂皇的家具摆设、金碧辉煌的建筑装饰与花腔声调一起来再现歌剧中繁华奢侈的巴黎生活，使建筑与音乐共同来烘托剧情，以调动观众情绪。这时的舞台建筑环境作用和演员一样，表达着剧情思想。

§23.2 歌剧与音乐

歌剧是在舞台上用演唱来表现的戏剧，音乐是歌剧中必不可少的要素，歌剧中的音乐除了表演前用乐器进行演奏的序曲、前奏曲以及间奏曲外，还包括有独唱、重唱与合唱的声乐。歌剧中最重要的声乐样式有咏叹调、宣叙调和重唱等。咏叹调是剧中角色们表达感情的主要唱段，歌剧通常需要依靠剧中角色独唱的咏叹调来引领全剧，并在他们一次又一次的感情抒发中将剧情推向高潮。如《茶花女》中的咏叹调"为什么我的心这么激动"。宣叙调是一种半说半唱形式的声乐，主要用于剧中人物的对白，其目的是为了开展剧情并衔接前后的歌唱。宣叙调很像中国京剧中的念白，但旋律性较弱。重唱是不同角色在同一时间同时进行各自的歌唱，用来表示人们对某些具象的意见。

复习与思考题 4

1. 古典主义时期以前的建筑常常以体块征服着人们，而后来出现的巴洛克时期、洛可可时期的建筑风格直到现代主义时期的非线性的秀美建筑，试分析一下是什么原因。

2. 为什么说罗丹的雕塑既有建筑性又有音乐美？

3. 试从一幅国画上，分析一下其建筑性和音乐美感。

4. 试比较一下男式女式手表、自行车等日用产品的样式，分析一下建筑性和音乐美，其形态和色彩与性别有关吗？

5. 舞蹈中既有表现英雄色彩的三角造型，也有音乐美感的旋律节奏，舞蹈与音乐能够体现在任何一种艺术形式中吗？

6. 试比较一下前苏联和日本的产品，如手表、照相机等，前者被称为"傻大粗笨"，而后者被认为是"小巧灵"，分析一下其建筑性和音乐美。

第五篇　建筑与音乐的数学对位

　　建筑与数学在人类文明发展的千百年以来一直被联系在一起。比如拜占庭时期的建筑师们利用十字形、带拱的半球和正方形等简单形体组合形成了独特的拜占庭式建筑。古埃及人用正四棱锥体这个几何形体，创造出了显示超人的力量的金字塔。而米开朗基罗则在圣彼得大教堂上运用数学几何中的椭圆造型，使教堂庞大的体积与自由上升的运动微妙地结合了起来。如图1～图3所示。

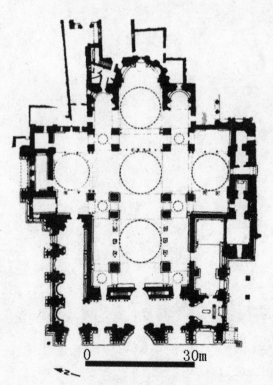

图1　圣马可教堂平面图（资料来源：《外国建筑史实例集①》，王英健，2006）

图2　圣彼得大教堂的穹顶（资料来源：《外国建筑史实例集①》，王英健，2006）

音乐与数学之间的联系也十分紧密。比如人们现在最常用的简谱和五线谱这两种乐谱的书写形式就是数学方法在音乐上的应用。音乐的声音还能用数学中的周期正弦函数来描述。一些振动发音的弦乐器和依空气柱发声的管乐器的形状和结构也与数学中的指数曲线形状相关。

图 3 埃及金字塔（资料来源：《外国建筑史实例集①》，王英健，2006）

第 24 章　建筑与音乐的比例关系

§24.1　建筑中的比例分析

　　早在古埃及时代，金字塔的建造就已经开始运用数学中的比例关系了。埃及最大的胡夫金字塔其底边长的一半与斜面三角形的高之比，同法国巴黎圣母院正面的宽高比以及每一扇窗户的宽长比都精确的接近 0.618。这是古希腊数学家毕达哥拉斯用数理的方式统计表达出来的造型艺术所具有的最美的比例数字。

　　被称为"居住单元盒子"的马赛公寓在设计上也遵循着比例要求。勒·柯布西耶在设计马赛公寓时，以一系列与人体尺度有关的数字为基础形成了一套统一的"模数"系统来确定马赛公寓的所有尺寸，使这个巨大的方块建筑整体结构十分和谐。

　　今天，现代建筑师们仍然有意识地在设计中运用比例因素，创造出适用性和艺术性相统一的新颖建筑。例如，被称为"高塔之王"的加拿大多伦多电视塔，高达 530.3m，建筑师在电视塔整个塔高的三分之二处巧妙地安装了一个 7 层的筒状建筑，从而使这座建筑瘦削的体型和圆环面融为一体，令人叹为观止。如图 24-1 所示。

图 24-1　加拿大多伦多电视塔（资料来源：北京搜游网加拿大旅游频道）

§24.2 音乐中的比例演算

早在文艺复兴时期，比例就已经被用在了音乐创作中。比如莫扎特《D 大调奏鸣曲》的第一乐章，这一乐章共有 160 小节，其再现部位于第 99 小节，两者之比值与最美的比例数字 0.618 相同。

巴赫的《巴赫平均律钢琴曲集》第一册赋格曲第 1 首的主题中最高点的音符将主题划分成了两个部分，若以八分音符为时间单位，则前半部分的长为 8 个时间单位，整个主题有 13 个时间单位，最高点音符所在的位置正好是两者之比为 0.618 的位置上。

中国的国歌《义勇军进行曲》从歌曲的整体结构上来看，歌词为口号"起来"的第 20 小节是全曲呐喊的最高点，应是整首歌曲的高潮，若以四分音符为长度单位来计算，高潮的前半部分有 39 个长度单位，全曲有 63 个长度单位，两者之间也具有 0.618 的比例关系。

第 25 章　建筑与音乐的分形对位

§25.1　分形几何学的基本内容

分形是一种具有自相似特性的现象、图形或者物理过程。也就是说，在分形中，每一组成部分都在特征上和整体相似，只仅仅是变小了一些而已。这一研究理论纠正了人们通常的惯性思维方式，能使人们看到在复杂的现象背后隐藏着的简单规律，对建筑和音乐的创作有着深远的影响。如图 25-1 所示。

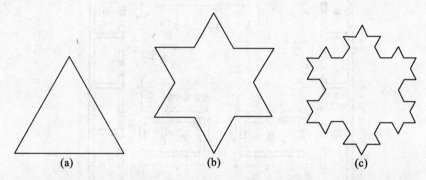

图 25-1　分形图形（资料来源：关于《截一个几何体》的问题，平行四边形的 性 质，http://www.xsqzjy.com：82/czpd/kczy/shang/sx/2/08/bsd-kebiao/1/kzzl.htm）

§25.2　建筑中的分形应用

建筑中的分形特征主要表现在自相似性上。建筑的自相似性是指建筑物中各个部分与整体的相似，建筑的分形有利于我们从建筑的整体布局上来对构成建筑物的各个部分进行分析，建立建筑物的部分与整体之间相互连续的韵律。同时，建筑物也是一个有着不同尺度层级的分形系统。当人们进入一栋建筑物时，随着时间的推移以及与建筑物之间距离的变换，只有存在着下一个更小的尺度时，建筑的分形才能有吸引力，否则，建筑会逐渐丧失趣味性，所以建筑需要相应的尺度层级的支持。

我国的传统建筑常常将一些类似的单体建筑进行组合来形成丰富的空间，体现了突出的自相似性特征。首先，可以将这些单体建筑看成是由主要的空间和轴线围合成的一个大院子；其次，这个大院子被用同样类似的方法划分成了若干个小院子；然后，这些小院子又被划分成更小的院子，其中有些还被进一步划分直到最后物化到墙体和单体建筑为止。这种空间构成的自相似性虽然在单体建筑上略显单调，但在建筑群的群体构成上却能产生丰富统一的效果。如图 25-2 所示。

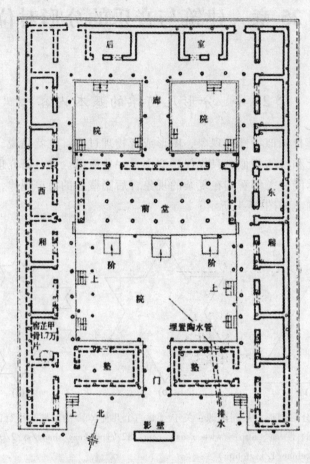

图 25-2　春秋时期宫室遗址示意图（资料来源：《中外建筑史》，章曲，李强，2009）

§25.3　音乐中的分形韵律

音乐中的分形也表现在自相似性上。一部完整的音乐作品往往包含多个乐章，而每个乐章在其旋律、节奏、力度等方面都存在着相同的特性，所以我们有时只需要听取作品的一小段音乐，就可以判断其出处。在我国古代，由于音乐存在的时期和流派的不同，同一音乐作品在流传的过程中往往有着许多不同版本的传谱，这些传谱之间差异极大。比如《流水》这首琴曲，便有着数十种版本的传谱，最长的《天闻阁琴谱》有 1500 多音，最短的《德音堂琴谱》却只有 400 多音，相差 1000 多音。尽管两者的差别如此之大，但听众却能从这些音符中很容易地判断出二者均为《流水》。

第 26 章　建筑与音乐的拓扑分析

§26.1　拓扑学的基本内容

拓扑学是研究几何图形在允许伸缩和扭曲等变形，但不允许割断和黏合的变形下保持不变的性质的一门学科，拓扑学同样也能帮助我们建立建筑与音乐之间的数学联系。

§26.2　建筑中的拓扑应用

通过拓扑理论，我们可以用简单几何体的扭转、拉伸等拓扑变形来得到一些复杂的建筑形态。

比如弗兰克·盖里所设计的德国魏尔市维特拉家具博物馆，就是在考虑建筑物实用性的基础上，利用其入口的门厅、雨篷、楼梯、电梯、天窗等非功能主体进行体型变换，使其即相互穿插又互相扭曲，造成复杂多变的形态，丰富了建筑物的外部造型。

由罗博·麦克布莱德设计的克莱因瓶度假屋则将拓扑学的结构模型成功地运用到了建筑中，使建筑如同折纸一般有规律的折叠弯曲，形成高低转折的曲面。其几何形体的内外面相互连贯而成一体，产生复杂的拓扑几何形——克莱因瓶的旋转外观，造成了极具数学概念的视觉效果。如图 26-1 所示。

图 26-1　克莱因瓶度假屋（资料来源：《Samuele Martelli，许科. 克莱因瓶 澳大利亚某别墅［J］，室内设计与装修，2009，(04)：89-95)

§26.3 音乐中的拓扑韵律

音乐中的拓扑主要表现在形成了变奏曲这样一种独特的音乐结构形式。变奏曲是主题及其一系列变化反复，并按照统一的艺术构思而组成的乐曲。这种变化多在和声、旋律、对位、节奏以及音色上产生，并且可以变奏多次。

贺绿汀管弦乐组曲的第五乐章《森吉德马》就明显的应用了变奏的手法，将相同的旋律在速度、力度、节奏和音色上进行变化，形成了前后两个不同的艺术形象。

舒伯特的《鳟鱼钢琴五重奏》也采用了"变奏"，其变奏的主题就是舒伯特在1817年创作的著名艺术歌曲《鳟鱼》。在乐曲的五个变奏中，每个变奏都保持着主题的旋律不变，但演奏的乐器却各有不同。在主题中，旋律由小提琴奏出，而在五个变奏中，旋律则由小提琴、低音提琴、中提琴、大提琴和钢琴分别奏出，在尾声中，主题第一段的旋律又由小提琴和大提琴轮流演奏，同时，描写鳟鱼戏水的伴奏音型且由钢琴奏出。

贝多芬的降E大调《英雄变奏曲》的主题是《普罗米修斯》的终曲，有着15段变奏。其中第5变奏含有切分音旋律，第6变奏和第14变奏被小调化，第9变奏将低音旋律碎音化，将震音变为持续低音。另外，该曲的序曲也是在声部上进行反复变化的3段变奏。

复习与思考题5

1. 如果将城市建筑环境转换成声音，盲人行走将不会感到困难，你认为建筑的形、色、光都可以转换吗？怎么转换？

2. 音乐喷泉、激光音乐、音乐动漫都是由音乐产生的艺术，是用来表达或贴近音乐的，试简述视觉艺术和听觉艺术的关系以及数字技术的优势。

3. 试举例说明黄金分割算法在建筑设计、摄影或美术构图方面中的妙用。

4. 尝试一下把城市天际线转换成一首音乐。

5. 如果说椭圆是圆的变体、平行四边形是矩形的变体，那么再试举几例说出一些几何变体，同时找一找变奏曲，试简述几何变体与变奏曲之间的联系。

参 考 文 献

［1］（美）安妮·格雷. 西方音乐史话［M］. 海口：海南出版社，2001，11.

［2］张进. 中外音乐鉴赏［M］. 成都：西南交通大学出版社，2009，5.

［3］林逸聪. 音乐圣经［M］. 北京：华夏出版社，1997，7.

［4］（英）约翰·拜利. 音乐的历史［M］. 广州：希望出版社，2003，12.

［5］（英）约翰·斯坦利. 古典音乐：伟大作曲家及其代表作［M］. 济南：山东画报出版社，2004，2.

［6］陈辉. 音乐欣赏普修教程［M］. 上海：上海音乐学院出版社，2009，8.

［7］修海林，李吉提. 西方音乐的历史与审美［M］. 北京：中国人民大学出版社，1999，5.

［8］张俊，郭爱民，李岳庚. 音乐与音乐欣赏［M］. 长沙：中南大学出版社，2005，2.

［9］丰子恺，张文心. 丰子恺音乐夜谭［M］. 上海：上海人民美术出版社，2005，2.

［10］高兴，江柏安，姚军. 大学音乐［M］. 武汉：华中理工大学出版社，1997，3.

［11］曾遂今，李婧. 西方音乐文化教程［M］. 北京：中国传媒大学出版社，2005，11.

［12］侯书森. 青年必知音乐知识手册［M］. 北京：中国国际广播出版社，1999，12.

［13］王其钧. 古典建筑语言［M］. 北京：机械工业出版社，2006，3.

［14］汝信，王瑗，朱易. 全彩西方建筑艺术史［M］. 银川：宁夏人民出版社，2002，12.

［15］庄裕光. 风格与流派［M］. 北京：中国建筑工业出版社，1993.

［16］汉宝德. 透视建筑［M］. 天津：百花文艺出版社，2004.

［17］陈志华. 意大利古建筑散记［M］. 北京：中国建筑工业出版社，1996.

［18］曹炜. 世界都市漫步澳洲部分［M］. 上海：三联书店，2008.

［19］曹炜. 世界都市漫步北美洲部分［M］. 上海：三联书店，2008.

［20］曹炜. 世界都市漫步欧洲部分［M］. 上海：三联书店，2008.

［21］张钦楠. 阅读城市［M］. 北京：三联书店，2004.

［22］叶渭渠. 日本建筑［M］. 上海：三联书店，2006.

［23］胡硕峰. 可见的乌托邦：城市建筑手记［M］. 北京：清华大学出版社，2007.

［24］张祖刚. 建筑文化感悟与图说［M］. 北京：中国建筑工业出版社，2008—2009.

［25］（意）马可·布萨利. 认识建筑［M］. 北京：清华大学出版社，2009.

［26］刘丹. 世界建筑艺术之旅［M］. 北京：中国建筑工业出版社，2004.

［27］（英）乔纳森·格兰西. 建筑的故事［M］. 北京：三联书店，2003.

［28］卡罗尔·斯特里克兰. 拱的艺术：西方建筑简史［M］. 上海：上海人民美术出版社，2005.

[29] 陈平．外国建筑史：从远古至 19 世纪［M］．南京：东南大学出版社，2006．

[30] 潘谷西．中国建筑史［M］．北京：中国建筑工业出版社，2004，7．

[31] 罗小未，蔡琬英．外国建筑历史图说：古代-十八世纪［M］．上海：同济大学出版社，2005，10．

[32] 罗小未．外国近现代建筑史［M］．北京：中国建筑工业出版社，2005，1．

[33] 陈志华．外国建筑史：19 世纪末叶以前［M］．北京：中国建筑工业出版社，2004，4．

[34] 童寯．新建筑与流派［M］．北京：中国建筑工业出版社，1980．

[35] 宇文鸿吟，何葳．欧罗巴的苍穹下：西方古建筑文化艺术之旅［M］．北京：北京出版社，2005．

[36] 陈文斌．品读世界建筑史［M］．北京：北京工业大学出版社，2007．

[37] 黄湘娟．历史·空间：亚欧历史建筑与城市漫步［M］．北京：中国电力出版社，2008．

[38] 焦铭起，彭飞．欧洲古典时代的建筑与文化［M］．武汉：华中科技大学出版社，2009．

[39] 钱正坤．世界建筑风格史［M］．上海：上海交通大学出版社，2005．

[40] 栗文忠．世界建筑风情［M］．北京：作家出版社，2002．

[41] 《建筑创作》杂志社．建筑的盛宴：建筑师眼中的欧洲建筑之美［M］．北京：机械工业出版社，2006．

[42] 《建筑创作》杂志社．名城的故事：建筑师眼中的欧洲城市风情［M］．北京：机械工业出版社，2006．

[43] 洪斌．行走欧洲：我的建筑之旅［M］．大连：大连理工大学出版社，2007．

[44] 王雪．"小星星"的作者庞赛［J］．音乐爱好者，1982（03）：24～25．

[45] 胡丽玲．20 世纪法国的音乐发展状况［J］．交响-西安音乐学院学报，2006，25（1）：70～73．

[46] （俄）M. 阿兰诺夫斯基，张洪模．20 世纪艺术文化史中的俄罗斯音乐艺术［J］．人民音乐，2000（07）：42～48．

[47] 吴根福．阿拉伯半岛建筑风格谈［J］．时代建筑，1994（03）：56～60．

[48] 大科技（百科新说）．阿拉伯璀璨文化的见证伊斯坦布尔建筑掠影［J］．大科技（百科新说），2009（02）．

[49] 袁镜身．阿拉伯的建筑风格［J］．世界建筑，1985，6：8～15．

[50] 伊玛德．阿拉伯东部地区宗教文化对传统建筑的影响［J］．世界建筑，2006（01）：118～121．

[51] 林逸聪，《音乐圣经》，北京：华夏出版社，1997．

[52] （叙）阿里·高义姆，陆映波．阿拉伯建筑的古典风貌［J］．回族文学，2006（01）：69～72．

[53] （日）小泉文夫，杨和平，秦玉泉．阿拉伯音乐［J］．中国音乐，1991（02）：45．

[54] 王瑞琴．阿拉伯音乐及其影响［J］．世界知识，1981（19）：24～25．

[55] 吴焕加．巴塞罗那居埃尔公园［J］．建筑工人，1997（05）：50．

[56] 赵鑫珊. 贝多芬音乐与德国古典美学 [J]. 读书, 1983 (01): 59～62.

[57] [美] R·兰德尔·沃斯毕克, 韩宝山. 变化中的美国建筑 [J]. 世界建筑, 1987 (02): 75～76.

[58] (美) 埃利奥特·卡特, 姚盛昌. 表现主义和美国音乐 [J]. 天津音乐学院学报, 1994 (01): 33～40.

[59] 黄志明. 从"芝加哥学派"到"POSTP. M" [J]. 中外建筑, 1998 (03): 14.

[60] 周宇. 从福莱回溯"洛可可"风格及法国音乐的典型气质——兼谈"沙龙音乐" [J]. 艺术教育, 2006 (10): 69.

[61] 张雷, 陈自明. 璀璨夺目的亚洲明珠——记印度音乐 [J]. 中国音乐教育, 1998 (01): 31～32.

[62] 马晨. 当代美国的建筑风格 [J]. 中国房地信息, 2005 (07): 60～62.

[63] 李晓霞. 当代美国建筑 [J]. 装饰, 2002 (07): 60～61.

[64] 沈克宁. 当代美国建筑流派概览 [J]. 美术观察, 1996 (07): 75～76.

[65] 刘少才. 德国建筑　读不尽的立体诗篇 [J]. 中国房地信息, 2007 (12): 62～63.

[66] 丽宏, 安娜. 德国建筑艺术 [J]. 丝绸之路, 2007 (04): 74～75.

[67] 平利珍. 对比欧洲、阿拉伯建筑 谈中国园林独特的自然美与人文美 [J]. 北京宣武红旗业余大学学报, 2002 (02): 26～27.

[68] 李梅. 多彩多姿 兼容并蓄——印度音乐文化及其启示 [J]. 常德师范学院学报 (社会科学版), 2001, 26 (03): 57～58.

[69] 吕富珣. 俄罗斯建筑百年沧桑的印迹 (上) [J]. 科学中国人, 2002 (01): 56～58.

[70] 吕富珣. 俄罗斯建筑百年沧桑的印迹 (下) [J]. 科学中国人, 2002 (02): 32～36.

[71] 杨婧. 俄罗斯建筑色彩一瞥 [J]. 流行色, 2008 (01).

[72] 艾亚玮, 刘爱文. 俄罗斯建筑艺术的时代印记 [J]. 美术大观, 2008 (05): 114～115.

[73] 曹凌燕. 俄罗斯建筑印象 [J]. 上海艺术家, 2005 (04): 34～39.

[74] 谢阿琳. 俄罗斯建筑之初印象 [J]. 科技咨询导报, 2007 (29): 115.

[75] (俄) 霍洛波娃, 戴明瑜. 俄罗斯音乐的节奏特点 [J]. 中国音乐, 1992 (02): 19.

[76] 宋梦书. 俄罗斯音乐与其文化 [J]. 青年文学家, 2006 (01): 59.

[77] 宋瑾. 法国 20 世纪音乐撮要 [J]. 文化月刊, 2004 (04): 22～24.

[78] (法) 路易·杜列依, 吴广. 法国的音乐与音乐家 [J]. 人民音乐, 1956 (07): 27～28.

[79] 高拂晓. 感性与理性之间——德国古典美学中的音乐美学之思 [J]. 中央音乐学院学报, 2005 (04): 55～61.

[80] 朱亚丽, 张东亮. 简述 17 世纪—19 世纪英国贵族与建筑风格的关系 [J]. 安徽文学 (下半月), 2010 (01): 105.

[81] 丁一巨, 罗华. 经典传承——巴塞罗那古尔公园 [J]. 园林, 2003 (11): 42～43.

[82] 小演奏家编辑部．库客世界音乐之旅德国的音乐之城（上）[J]．小演奏家，2009（09）：52~53．

[83] （英）海勒娜·拉·露，谢瑾．乐器中的音乐史：英国音乐博物馆叙事 [J]．音乐艺术-上海音乐学院学报，2006（01）：110~115．

[84] 王兆渠．联邦德国的音乐 [J]．人民音乐，1986（06）：39~40．

[85] 徐慧林，王小慧．联邦德国的音乐概况 [J]．天津音乐学院学报，1990（02）：68~72．

[86] 邵佳岭．论俄罗斯建筑艺术设计与宗教的联系 [J]．中国新技术新产品，2009（01）：114．

[87] 耿炜娜．论俄罗斯民族音乐特征 [J]．歌海，2008（05）：26~27．

[88] 张本秀．论俄罗斯音乐的悲怆风格 [J]．怀化师专学报，1996，15（02）：174~176．

[89] 贺亚芹．论日本音乐 [J]．辽宁工程技术大学学报（社会科学版），2005，7（05）：546~547．

[90] 刘元培．漫话阿拉伯音乐的发展 [J]．阿拉伯世界，1984（02）：129~135．

[91] 李元．漫谈美国音乐 [J]．知识就是力量，1999（03）：18~19．

[92] 王宗文，王启章．美国的建筑风格 [J]．英语知识，2000（12）：8．

[93] 张良皋．美国建筑观感 [J]．世界建筑，1989（06）．

[94] 唐小玉．美国音乐 [J]．音乐天地，1998（03）：23．

[95] （美）Gilbert Chase，王晡，韩宝强．美国音乐（上）[J]．天津音乐学院学报，1990（01）：3~10．

[96] （美）Gilbert Chase，韩宝强，周家雄，刘学珍，任达敏．美国音乐（下）[J]．天津音乐学院学报，1990（02）：18~42．

[97] 吕东．美国音乐发展史简介 [J]．乐府新声-沈阳音乐学院学报，1987（01）：43~46．

[98] 吕金藻，郑向群．美国音乐简史 [J]．吉林艺术学院学报，1987（S1）：54~73．

[99] 毅军．美国音乐印象 [J]．齐鲁艺苑，1996（01）：34~37．

[100] 王文策．墨西哥当代居住建筑地域性的色彩表现研究 [D]．石家庄：河北工业大学出版社，2001．

[101] 文纪律．墨西哥的"马里亚契"音乐 [J]．民族艺术研究，1988（04）：80．

[102] William Stockton，范文献．墨西哥地震与城市建筑 [J]．世界科学，1986（09）：24~25．

[103] 刘云鹤．墨西哥建筑 [J]．建筑学报，1964（04）：32~37．

[104] 欧阳枚．墨西哥现代建筑及其民族特色 [J]．世界建筑，1984（04）：74~84．

[105] 田玉斌．墨西哥音乐见闻 [J]．人民音乐，1986（01）：47~49．

[106] 百科知识编辑部．凝固的艺术：俄罗斯建筑 [J]．百科知识，2007（10）．

[107] 尚建业．浅谈中国民族音乐的科学发展 [J]．飞天，2009（23）：93~94．

[108] 杨宏伟．浅析隋唐音乐对日本音乐的影响 [J]．浙江传媒学院学报，2002（03）：60~61．

[109] 刘芳. 清真寺建筑——阿拉伯伊斯兰文化的瑰宝 [D]. 上海: 上海外国语大学出版社, 2002.

[110] （日）星旭, 罗传开. 日本的音乐 [J]. 音乐艺术-上海音乐学院学报, 1979 (01): 97~101.

[111] 音乐爱好者编辑部. 日本音乐风情 [J]. 音乐爱好者, 1984 (04): 22~24.

[112] （日）服山清一. 日本音乐起源之我见 [J]. 中国音乐, 1986 (02): 90~91.

[113] 张延春. 日本音乐之考察 [J]. 音乐天地, 2004 (07): 47~50.

[114] 张延凌. 十九世纪末的美国音乐 [J]. 作家, 2008 (01): 248.

[115] 沈旋, 梁晴. 世博会与音乐系列漫谈（三）1889年世博会与法国音乐 [J]. 音乐爱好者, 2006 (01): 51~53.

[116] 韦公远. 世界建筑风格谈 [J]. 城市开发, 2003 (05): 64.

[117] 郑祖襄. 试述中国音乐起源的多地域、多民族现象 [J]. 中央音乐学院学报, 2005 (03): 33~40.

[118] 钱程. 试谈法国浪漫主义音乐的文化特质 [J]. 小演奏家, 2009 (08): 40~41.

[119] 王雪. 试谈墨西哥民间音乐在拉丁美洲民间音乐中的地位 [J]. 中央音乐学院学报, 1985 (03): 45~50.

[120] 卫纯娟. 泰姬陵——印度建筑的奇迹 [J]. 英语知识, 1999 (07): 12~13.

[121] 志军. 天竺奇观——古代印度建筑漫谈 [J]. 知识就是力量, 2003 (01): 35~37.

[122] 谢晶晶. 西班牙音乐（上）热情似火的弗拉门戈 [J]. 琴童, 2009 (10): 31.

[123] 谢晶晶. 西班牙音乐（下）流行古典 弹唱皆能 [J]. 琴童, 2009 (11): 32.

[124] 张式谷, 潘一飞. 西班牙音乐的黄金时代 [J]. 钢琴艺术, 1999 (05): 24~28.

[125] 王毅. 香积四海——印度建筑的传统特征及其现代之路 [J]. 世界建筑, 1990 (06): 15~21.

[126] 蒋秀中. 小议日本建筑文化 [J]. 科技信息, 2009 (27): 663.

[127] 杨琦. 雅乐俗乐 各有千秋——漫话美国音乐生活 [J]. 音乐世界, 1994 (05): 12~14.

[128] 张雄. 音乐繁荣的昔日帝国——英国 [J]. 音乐爱好者, 2005 (06): 39~41.

[129] 翟亚宏. 音乐与诗的完美结合——兼析19世纪德国艺术歌曲的风格特征 [J]. 音乐天地, 2008 (01): 55~56.

[130] 晨曦. 印度的音乐建筑 [J]. 音乐爱好者, 1980 (03): 45.

[131] 任肖莉. 印度建筑的传统特征及现代之路 [J]. 山西建筑, 2008, 34 (18): 38~39.

[132] 于海为. 印度建筑启示录 [J]. 建筑知识, 2001 (04): 5~11.

[133] 张荣生. 印度建筑艺术 [J]. 外国文学, 2004 (04): 111.

[134] 王亮. 印度建筑中的阳光与建筑的对话 [J]. 中外建筑, 2002 (03): 39~41.

[135] 陈自明. 印度音乐 [J]. 国际音乐交流, 1996 (01): 27.

[136] 张思镜. 印度音乐文化的特色及其传承与发展 [J]. 作家, 2009 (10): 211~212.

[137] 徐康荣. 英国的《古典音乐》[J]. 黄钟-武汉音乐学院学报, 1990 (01): 96 ~ 97.

[138] 新民晚报. 英国的古典和现代音乐 [J]. 音乐世界, 1986 (11): 46.

[139] 高宁英. 英国古典音乐拾趣 [J]. 家庭与家教, 2002 (04): 18 ~ 19.

[140] 琴童编辑部. 源远流长的印度音乐文化 [J]. 琴童, 2009 (08): 31.

[141] 张钦楠. 阅读: 巴黎的宰相性格 [J]. 出版参考, 2004 (32): 49 ~ 50.

[142] (德) 安娜·凯瑟, 丁君君. 在德国领悟音乐 [J]. 21 世纪, 2008 (08): 14 ~ 15.

[143] 徐平. 芝加哥学派的兴衰 [J]. 重庆科技学院学报 (社会科学版), 2009 (08): 72 ~ 73.

[144] 白友涛. 芝加哥学派及其学术遗产 [J]. 社会, 2003 (03): 24 ~ 27.

[145] 徐春茂. 中国古代建筑风格 [J]. 中国地名, 2007 (11): 34 ~ 35.

[146] 赵维平. 中国及亚洲音乐研究中不容忽视的一角——日本的音乐资料及其研究成果 [J]. 黄钟 (中国·武汉音乐学院学报), 2008 (02): 95 ~ 101.

[147] 袁文静. 中国民族音乐的发展 [J]. 飞天, 2009 (24): 117 ~ 118.

[148] 顾婷婷. 中国民族音乐的发展之路探析 [J]. 巢湖学院学报, 2009, 11 (02): 89 ~ 91.

[149] 周海宾, 费本华, 任海青. 中国木结构建筑的发展历程 [J]. 山西建筑, 2005, 31 (21): 10 ~ 11.

[150] 冯丽. 中国音乐发展之我见 [J]. 南方论刊, 2007 (12): 99.

[151] 李晓钢. 当代西班牙建筑地域性研究 [D]. 西安: 西安建筑科技大学, 2009.

[152] 邱亦锦. 地域建筑形态特征研究 [D]. 大连: 大连理工大学, 2006.

[153] 张赫. 地域性现代建筑发展探究 [D]. 吉林: 东北师范大学, 2009.

[154] 思维与智慧编辑部. 独具风情的英国建筑艺术 [J]. 思维与智慧, 2009 (13).

[155] 王文策. 墨西哥当代居住建筑地域性的色彩表现研究 [D]. 石家庄: 河北工业大学出版社, 2009.

[156] 文强. 南欧现代建筑的地域性探讨 [D]. 南京: 东南大学出版社, 2004.

[157] 王翾. 挪威当代建筑的地域性特征研究 [D]. 西安: 西安建筑科技大学出版社, 2005.

[158] 王赢. 瑞典 19 世纪末以后现代建筑地域性特征研究 [D]. 西安: 西安建筑科技大学出版社, 2005.

[159] 卢津源. 万国建筑博览——浅谈西方建筑风格 [J]. 沪港经济, 2003 (12): 53 ~ 58.

[160] http://blog.163.com/x_injing/blog/static/3277250120078129137290/.

[161] 柳子伯. 音乐与黄金分割比例 [D]. 吉林: 东北师范大学出版社, 2006.

[162] http://www.china-designer.com/magazine/zhangli/txt4.htm#Chapter.

[163] 张静, 丘雷. 城市分形特征及其应用 [J]. 规划师, 2002 (05): 72 ~ 75.

[164] 项葵, 王慧民. 古琴音乐中的分形几何 [J]. 中国音乐学, 1996 (S1): 90 ~ 92.

[165] Samuele Martelli, 许科. 克莱因瓶 澳大利亚某别墅 [J]. 室内设计与装修, 2009

（04）：89～95.

[166] http：//baike. baidu. com/view/83249. htm.

[167] 邹研. 盲人用耳看世界 ［J］. 世界发明，2003（12）：15.

[168] （英）肯尼斯·克拉克，吴玫，宁延明. 裸体艺术 ［M］. 海口：海南出版社，2002，1.

[169] 冷杉，叶冰. 贝魂与裸体的对话 ［M］. 山东：山东画报出版社，2006，2.

[170] 吴甲丰. 西方写实绘画 ［M］. 北京：文化艺术出版社，2005，3.

[171] 刘鸿，张京. 永恒之美——雕塑 ［M］. 天津：百花文艺出版社，2004，11.

[172] 陈醉. 世界人体艺术鉴赏大辞典 ［M］. 北京：社会科学文献出版社，1990，5.

[173] 刘俊生. 刍议人体美的精神气质与情感表达 ［J］. 美术大观，2007（03）.

[174] 景观. 论人体美的重要因素——姿态美 ［J］. 成都：北京联合大学学报，2001（S2）.

[175] 中国大百科全书总编辑委员会《体育》编辑委员会. 中国大百科全书（体育卷）［M］. 北京：中国大百科全书出版社，1982，12.

[176] （法）罗丹. 艺术论 ［M］. 北京：人民美术出版社，1978.

[177] 凌继尧. 西方美学史 ［M］. 北京：北京大学出版社，2004，12.

[178] 包铭新. 时装鉴赏艺术 ［M］. 上海：中国纺织大学出版社，1997，8.

[179] 李当岐. 服装学概论 ［M］. 北京：高等教育出版社，1998，7.

[180] 王小月. 服装的内空间 ［M］. 上海：上海科技教育出版社，2004.

[181] 王小月. 服装的外空间 ［M］. 上海：上海科技教育出版社，2004.

[182] 顾晓晴. 融——建筑设计与服装设计之缘 ［J］. 华中建筑，2004（02）.

[183] 税静. 服装的个性与共性 ［J］. 北京服装学院学报艺术版，2005（01）：34～36.

[184] 徐媛苑. 浅谈服装的空间变化与时尚形象 ［J］. 英才高职论坛，2007（01）.

[185] 彭颢善. 服饰造型的立体空间美 ［J］. 济南纺织化纤科技，2006（02）.

[186] 杨仲华，温立伟. 舞蹈艺术教育 ［M］. 北京：人民出版社，2003，3.

[187] （俄）普列汉诺夫，曹葆华. 论艺术 ［M］. 北京：三联出版社，1973，2.

[188] 贾作光. 贾作光舞蹈艺术文集 ［M］. 北京：文化艺术出版社，1992.

[189] 汪加千，冯德. 人体律动的诗篇——舞蹈 ［M］. 北京：高等教育出版社，1990，8.

[190] 刘心武. 舞蹈的建筑 ［EB/OL］. 网易博客 Arci 的日志，2009，1，21.

[191] 杜薷之. 舞蹈世界 ［M］. 台北：艺术图书公司，1985.

[192] 姬茅. 舞蹈美之我见 ［J］. 河南大学学报（社会科学版），1996（04）.

[193] 李泽厚. 美学三书 ［M］. 天津：天津社会科学院出版社，2003，10.

[194] 朱光潜. 诗论 ［M］. 上海：上海古籍出版社，2005，4.

[195] 韩非子·五蠹.

[196] 董豫赣. 文学将杀死建筑——（建筑、装置、文学、电影）［M］. 北京：中国电力出版社，2007，1.

[197] 张永和. 作文本 ［M］. 北京：三联书店，2005，6.

[198] 陈从周. 园林清议 ［M］. 江苏：江苏文艺出版社，2005，4.

[199] 公木，赵雨．诗经全解［M］．长春：长春出版社，2006，1.

[200] 冯象．她只爱歌手一族［J］．南方周末，2006，(01)．

[201] 赵越胜．我们何时再歌唱？——为范竞马的《中国艺术歌曲集》出版而作［J］．
读书，2008 (09)．

[202] 缪哲．是真名士的狂放，而非小才子的风雅［J］．南方周末，2007 (08)．

[203] 刘涛．字里千秋［M］．北京：三联书店，2007，4.

[204] 宗白华．美学散步［M］．上海：上海人民出版社，1981，6.

[205] 金学智．书法美学谈［M］．上海：上海书画出版社，1984．

[206] 徐悲鸿．积玉桥字题跋．

[207] 杨秦生．印象派绘画和印象派音乐的色彩应用［J］．天水师范学报，2002，(03)．

[208] 何鑫．音中有画，画中有音——浅谈印象派中绘画与音乐的联系［J］．大众科
学·科学研究与实践，2007 (05)．

[209] 维基百科 http：//zh. wikipedia. org.

[210] 互动百科 http：//www. hudong. com.

[211] 百度百科 http：//baike. baidu. com/.

[212] 素描学习：人造比例与建筑比例［EB/OL］．巧顾网艺术资讯频道巧顾素描，
2005，5，31.

[213] 流行音乐与服装的流行［EB/OL］．中央电视台生活频道.

[214] 流行音乐与服装的流行服装与音乐［EB/OL］．艺百娱乐网，2001，4，13.

[215] 梦竹/凯旋．诗歌与建筑［EB/OL］．西祠胡同奔腾的诗歌，2008，4，6.

[216] 李当岐．西洋服装史［M］．北京：高等教育出版社，1995．

[217] 郑巨欣．世界服装史［M］．杭州：浙江摄影出版社，2001．

[218] (美) 玛里琳·霍恩．服饰：人的第二皮肤［M］．上海：上海人民出版社，1991，
10.

[219] 胡小平．服装——移动的建筑［J］．西北美术，2002 (03)：36~38.

[220] 殷周敏．服装设计与建筑［J］．科技经济市场，2007 (01)：228.

[221] 李琳，郝淑娜，宋欣婷．建筑与绘画［J］．建筑创作，2007 (01)：98~107.

[222] 尚谭．浅谈服装与建筑的关系——以巴洛克风格为例［J］．当代人，2009，
(08)：74.

[223] 田欣．浅谈音乐艺术与绘画艺术的关联［J］．安徽文学 (下半月)，2009 (08)：
102.

[224] 李淑梅．诗歌与音乐［J］．北方音乐，2009 (08)：27.

[225] 陈芸．探音乐与服装表演的美学契合［J］．东华大学学报 (社会科学版)，2009
(04)：279~284.

[226] 王士达．音乐是怎样产生的［J］．天津音乐学院学报，1993 (Z1)：3~14.

[227] 巫明川．听草原上月光下"花儿"静静地开放——《图雅的婚事》中的蒙古族音
乐与符号象征［J］．电影文学，2007 (16)：34.

[228] 邢维凯．符号象征理论中有关音乐情感意义问题的论述——20 世纪西方哲学、美

学领域有关音乐情感意义的探讨（之三）［J］．乐府新声-沈阳音乐学院学报，1998，（03）：37~39.

［229］徐嘉铂，白薇．谈语言及符号的象征作用在建筑中的体现［J］．山西建筑，2007（03）：34~36.

［230］亦春秋．音乐与建筑（三）——符号家族的兄弟［J］．琴童，2010（06）：63.

［231］郭宇菁．中世纪宗教音乐与建筑的精神特征［J］．福州师专学报，2001（06）：89~91.

［232］唐孝祥，陈吟．建筑美学研究的新维度——建筑艺术与音乐艺术审美共通性研究综述［J］．建筑学报，2009（01）：23~26.

［233］谢英军，张鹏．管窥巴赫音乐中的宗教情结［J］．北方音乐，2009（02）：24~25.

［234］杨柳青，庞勇斌．论哥特式建筑的宗教理念和美学诉求［J］．作家，2009（10）：254~255.

［235］杨华．20世纪西方流行音乐中的宗教元素探析［J］．贵州大学学报（艺术版），2009（04）：32~35.

［236］桑树萍．浅析哲学与宗教对音乐发展的影响［J］．艺术广角，2007（02）：48~51.

［237］钱明星，钱明亚．宗教与建筑、建筑艺术概论［J］．常州工学院学报，1989（04）：76~82.

［238］文一峰，吴庆洲．祭祀及宗教文化与建筑艺术［J］．建筑师，2006（04）.

［239］邓晓琳．宗教与建筑（下）［J］．同济大学学报（社会科学版），1996（02）：14~18.

［240］邓晓琳．宗教与建筑（上）［J］．同济大学学报（社会科学版），1996（01）：29~33.

［241］若冰，张萍．宗教·建筑·风水美学与环境之管见［J］．人文地理，1994（03）：48~52.

［242］韩钟恩．关于宗教与音乐关系研究的"取域"与"定位"［J］．中国音乐学，1991（03）：95~97.

［243］张薇薇．宗教与音乐的对话——管窥西方宗教对中世纪音乐的影响［J］．湖南农机，2008（05）：68~69.

［244］张华信．中西传统音乐文化中的宗教观［J］．中国音乐，1997（02）：37~38.

［245］罗小平．谈音乐的宗教价值和艺术价值［J］．星海音乐学院学报，1997（02）：19~22.

［246］李华珍．符号与象征——闽东古廊桥建筑文化探析［J］．华侨大学学报（哲学社会科学版），2007（02）：117~122.

［247］栗红河．浅论中国传统音乐当中的和而不同与多样统一［J］．黄河之声，2008（07）：106~107.

［248］蔡永洁．灵活多样，矛盾统———格尔伯建筑事务所作品浅析析［J］．世界建筑，

2001（12）：78～81.

[249] 吴量，李一夔，周虹冰. 论建筑设计构思中的音乐韵律 [J]. 高等建筑教育，2009（03）：16～18.

[250] 张屏. 从现代剧院及其发展趋势看国家歌剧院概念设计 [J]. 装饰，1998（06）：37～39.

[251] 刘文飞. 涅槃凤凰 戏剧圣殿——莫斯科大剧院絮语 [J]. 中国戏剧，2009（04）：62～63.

[252] 董景. 伦敦剧院歌剧舞台巡视 [J]. 东方艺术，1994（01）：51～52.

[253] 景珊. 阴阳鱼与十字架——中西文化差异下的宗教建筑 [J]. 世界文化，2010（06）：4～6.

[254] 周圆圆，陈一颖. 浅议由传统建筑观引发的中西宗教建筑差异 [J]. 山西建筑，2009（29）：33～34.

[255] 戴孝军. 人间与天国——中西宗教观的不同及在传统宗教建筑中的体现 [J]. 阜阳师范学院学报（社会科学版），2008（05）：78～82.

[256] 杨玲艳，姚道先. 中西自然观在传统宗教建筑上的反映 [J]. 建筑与文化，2008（09）：74～75.

[257] 巫丛. 中西方宗教建筑空间的比较 [J]. 南方建筑，2005（02）：16～18.

[258] 王英. 中国四大宗教的建筑特色 [J]. 福建省社会主义学院学报，2003（02）：27～231.

[259] 唐穗生. 浅谈中西宗教建筑艺术之差异 [J]. 美与时代，2003（09）：49～50.

[260] 片意欣. 中西方宗教音乐在音乐史上的异同与作用 [J]. 福建师范大学学报（哲学社会科学版），2004（06）：111～114.

[261] 张富林. 浅议西方与中国传统音乐文化中的宗教观 [J]. 电影评介，2009（15）：99～100.

[262] 李荣. 音乐作品中对比手法的运用 [J]. 衡阳师范学院学报，2004（05）：140～142.

[263] 汪俊芳. 宗教对音乐的影响 [J]. 太原城市职业技术学院学报，2008（04）：160～161.

[264] 赵晓娜. 论宗教音乐的发展历程与价值 [J]. 甘肃联合大学学报（社会科学版），2006（05）：97～100.

[265] 王嘉. 中西音乐文化性格冲突中的宗教意识潜流 [J]. 学术交流，2003（06）：126～129.

[266] 曹君满，周波. 沿承传统建筑文脉中的对比之美 [J]. 四川建筑，2005（01）：34～36.

[267] 徐晨. 浅谈平面设计中的节奏与韵律 [J]. 科教文汇（中旬刊），2010（09）：160.

[268] 高宏宇. 神圣的比例——勒·柯布西耶的"模度" [J]. 华中建筑，2005（02）：31～33.

[269] 杜佳宜，肖翔．浅述马赛公寓中的非理性因素［J］．山西建筑，2010（10）：42~44.

[270] 孙盈方．浅析建筑色彩的影响因素［J］．艺术与设计（理论），2010（11）：114~116.

[271] 殷丹，刘文金．音乐与室内设计在节奏韵律中的通感［J］．家具与室内装饰，2006（07）：66~67.

[272] 王太利．视觉艺术中的节奏和韵律［J］．中共郑州市委党校学报，2006（06）：170~171.

[273] 杨天舒，丛劲涛．节奏与韵律在艺术设计中的体现［J］．辽宁工学院学报（社会科学版），2004（06）：60~61.

[274] 朱亚．浅谈音乐中的节奏与韵律在艺术设计中的运用［J］．美术教育研究，2010（04）：99.

[275] 丁倩，尚涛．建筑与音乐的数学对位［J］．华中建筑，2009（11）：9~11.

[276] 丁一巨，罗华．经典传承——巴塞罗那古尔公园［J］．园林，2003（11）：42~43.

[277]《世界建筑图鉴》编辑部．世界建筑图鉴［M］．西安：陕西师范大学出版社，2008.

[278] 紫图大师图典丛书编辑部．世界不朽建筑大图典［M］．西安：陕西师范大学出版社，2003.

[279] 陈志华．西方建筑名作（古代-19世纪）［M］．郑州：河南科学技术出版社，2000.

[280] 汝信，王瑷，朱易．全彩西方建筑艺术史［M］．银川：宁夏人民出版社，2002，12.

[281] 张夫也，肇文兵，滕晓铂．外国建筑艺术史［M］．长沙：湖南大学出版社，2007，11.

[282] 章曲，李强．中外建筑史［M］．北京：北京理工大学出版社，2009，6.

[283] 曹凌燕．俄罗斯建筑印象［J］．上海艺术家，2005，（04）：34~39.

[284] 王英健．外国建筑史实例集①［M］．北京：中国电力出版社，2006，1.

[285] 王英健．外国建筑史实例集②［M］．北京：中国电力出版社，2006，1.

[286] 王英健．外国建筑史实例集③［M］．北京：中国电力出版社，2006，5.

[287] 王英健．外国建筑史实例集④［M］．北京：中国电力出版社，2006，9.

[288] 娄宇．中外建筑史［M］．武汉：武汉理工大学出版社，2010，1.

[289] 张进．中外音乐鉴赏［M］．四川：西南交通大学出版社，2009，5.

[290] 许丽雯．你不可不知道的100首经典名曲［M］．北京：中国旅游出版社，2008，1.

[291] 万昭，韩建邨等人合著．西洋百首名曲详解［M］．北京：人民音乐出版社，1985.

[292] 上海音乐出版社编．音乐欣赏手册［M］．上海：上海音乐出版社，1989，12.

［293］ 曾遂今，李婧．西方音乐文化教程［M］．北京：中国传媒大学出版社，2005．

［294］ 天工网—建筑—论文—东西方建筑的差别．

［295］ 费维耀，环球经典名曲导读．上海：上海文艺音响出版社，2006.3．

［296］ 杨民望编著，世界名曲欣赏．上海：上海音乐出版社，2009.5．